青　虾 ▶

◀ 青虾雄虾(上)与雌虾(下)

青虾甲壳黑斑病 ▶

◀ 罗氏沼虾外部形态

▲罗氏沼虾雄虾

▲罗氏沼虾雌虾

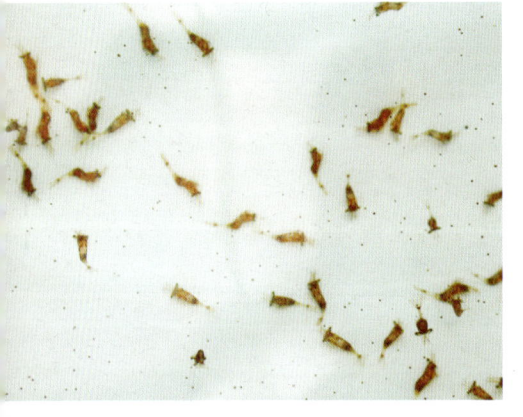

▼罗氏沼虾幼体

罗氏沼虾抱卵雌虾▶

▼罗氏沼虾肌肉白浊病仔虾

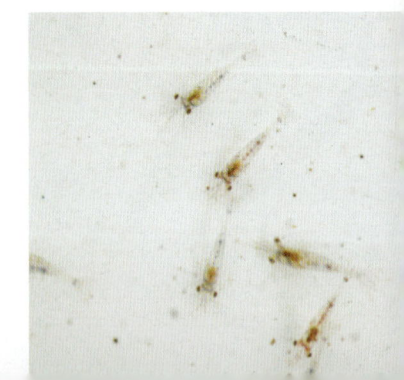

▼罗氏沼虾仔虾

◀ 克氏原螯虾

▲ 克氏原螯虾雄虾

▲ 克氏原螯虾雌虾

◀ 克氏原螯虾抱卵雌虾

伊乐藻 ▶

▲ 河　蟹

▲ 河蟹雄蟹

▲ 河蟹雌蟹

▲ 河蟹蜕的壳

▲ 轮叶黑藻(左)与伊乐藻(右)

渔业标准化养殖技术丛书

淡水虾蟹类养殖技术

◎浙江省水产技术推广总站 组编

浙江科学技术出版社

图书在版编目(CIP)数据

淡水虾蟹类养殖技术/浙江省水产技术推广总站组编.—杭州:浙江科学技术出版社,2013.10
(渔业标准化养殖技术丛书)
ISBN 978-7-5341-5118-7

Ⅰ.①淡… Ⅱ.①浙… Ⅲ.①虾类养殖—淡水养殖—指南 ②养蟹—淡水养殖—指南 Ⅳ.①S966.1-62

中国版本图书馆 CIP 数据核字(2012)第 311685 号

丛 书 名	渔业标准化养殖技术丛书
书 名	淡水虾蟹类养殖技术
组 编	浙江省水产技术推广总站
主 编	沈乃峰

出版发行 浙江科学技术出版社
杭州市体育场路 347 号　邮政编码:310006
办公室电话:0571-85176593
销售部电话:0571-85176040
网　址:www.zkpress.com
E-mail:zkpress@zkpress.com

排　　版	杭州大漠照排印有限公司
印　　刷	杭州富阳正大彩印有限公司
开　　本	880×1230　1/32　　　　印　张　3.75
字　　数	105 000　　　　　　　　插　页　2
版　　次	2013 年 10 月第 1 版　2013 年 10 月第 1 次印刷
书　　号	ISBN 978-7-5341-5118-7　定　价　10.00 元

版权所有　翻印必究
(图书出现倒装、缺页等印装质量问题,本社销售部负责调换)

责任编辑　詹　喜　　　　责任校对　张　宁
封面设计　金　晖　　　　责任印务　徐忠雷

《渔业标准化养殖技术丛书》
编委会

主　　任　彭佳学
副 主 任　俞永跃
编　　委（按姓氏笔画为序）
　　　　　丁雪燕　阮　飚　严寅央　何　丰
　　　　　何中央　张　宏　顾子江　徐晓林
策　　划　何中央　丁雪燕　何　丰

《淡水虾蟹类养殖技术》
编写人员

主　　编　沈乃峰
副 主 编　章文敏　封阿龙　何　丰
编写人员（按姓氏笔画为序）
　　　　　朱　强　沈乃峰　封阿龙　胡大雁
　　　　　章文敏

序

浙江省是我国渔业大省，不仅海洋捕捞量占全国首位，还素有"鱼米之乡"的美称，是我国水产养殖的主要产区。近年来，随着全省百万亩标准鱼塘改造建设、现代渔业园区建设等工程的全面推进实施，全省水产养殖产业的基础设备大为改善，品种结构不断优化，综合生产能力和产品市场竞争力不断提升，水产养殖得到了迅猛发展。至2012年，全省水产养殖规模达到454万亩、产量达184.5万吨、产值达349.2亿元，并形成了中华鳖、南美白对虾、海水蟹类、滩涂贝类、淡水珍珠等五大类8个品种的特色主导产业。浙江的水产养殖产业，已逐步向符合资源禀赋特点、精品特色明显的产业化方向迈进，成为浙江省农业增效、农民致富的重要产业。

党的十八大明确提出，要加快发展农业现代化，促进工业化、信息化、城镇化、农业现代化"四化"同步发展。浙江省委省政府提出"干好一三五、实现四翻番"总体要求，通过推进农业规模化、标准化、生态化，构建现代农业产业体系，打造高效生态农业强省、特色精品农业大省，到2020年率先基本实现农业现代化。而农业标准化是现代农业的重要标志，没有农业标准化就没有农业现代化。因此，我们要围绕渔业现代化建设目标，紧紧依靠科技进步，大力推进渔业标准化生产管理和先进实用技术的推广应用，发展高产、优质、高效、生态、安全渔业，以促进渔业发展方式转变，提升渔业产业发展层次，确保渔民持续增收和产业持续健康发展。

淡水虾蟹类养殖技术

　　浙江省水产技术推广总站组织编写的这一套《渔业标准化养殖技术丛书》，内容涵盖了中华鳖、南美白对虾、海水蟹类、淡水虾蟹类、鱼类、贝藻类、稻田综合种养等浙江省重点培育的水产养殖主导产业和特色产业，并将近几年全省联合推广行动中形成的养殖新品种、新模式、新技术、新机具、新型管理方式等方面的最新成果和丰富经验，寓于养殖生产的各个环节，突出技术的先进实用和集成配套，努力使生产管理规程化、技术应用模式化。该丛书图文并茂，内容通俗易懂，能够看得懂、学得会、用得上，可以作为广大养殖生产者、基层技术人员的培训教材和参考用书。相信这套丛书的出版，对促进浙江省渔业标准化生产、现代渔业园区建设和水产养殖产业转型发展起到积极的推动作用。

浙江省海洋与渔业局局长

2013 年 5 月

前 言

淡水虾蟹类水产是浙江省淡水地区的主要养殖对象,其主要种类包括青虾、罗氏沼虾、克氏原螯虾及河蟹,因消费市场广、需求量巨大,近10年来它在浙江省的养殖范围不断扩大,养殖面积迅速增长。据统计,2012年浙江省青虾养殖面积达40万亩、产量1.93万吨,罗氏沼虾养殖面积达3.5万亩、产量1.09万吨,克氏原螯虾养殖面积达4万余亩、产量4963吨,河蟹养殖面积达15万亩、产量8762吨。

淡水虾蟹类养殖要求的设施较少,投入相对较低,养殖周期短,见效快,故农民乐于接受,它已成为农民增收的重要途径之一。随着人们生活水平的提高,虾蟹类水产的消费量将持续增长,该类水产养殖规模也将有进一步扩大的潜力。

本书由浙江省水产技术推广总站组织有关水产技术推广人员,在总结全省20多年来淡水虾蟹类水产的养殖经验的基础上,通过查阅近10年来公开发表的相关文献,补充近年来淡水虾蟹类养殖的先进技术,并结合目前生产的实际情况编写而成。本书的编写以生产实践内容为主、以基础理论知识为辅,适合从事淡水虾蟹类养殖的人员阅读。

由于编者水平有限,缺乏编写经验,本书不足或疏漏之处在所难免,恳请读者批评指正,以便今后修订、完善。

编 者
2013年5月

目 录

第一部分　青虾苗种繁育及养殖技术

一、品种介绍及养殖情况 ·· 1
　（一）品种介绍 ·· 1
　（二）养殖情况 ·· 1
二、青虾的生物学特性 ·· 2
　（一）外部形态 ·· 2
　（二）生活习性 ·· 3
　（三）食性 ·· 3
　（四）生长特性 ·· 3
　（五）繁育习性 ·· 4
三、青虾苗种繁育技术 ·· 5
　（一）繁育条件 ·· 5
　（二）亲虾挑选及运输 ·· 6
　（三）亲虾放养及培育 ·· 7
　（四）青虾幼体培育 ·· 7
　（五）虾苗捕捞 ·· 8
　（六）虾苗运输 ·· 9
四、青虾的养殖技术 ·· 9
　（一）青虾的双季养殖模式 ·· 9
　（二）河蟹与青虾生态混养模式 ·· 20

1

（三）池塘罗氏沼虾（或南美白对虾）与青虾轮养模式 …… 23

五、青虾病害防治 …… 25
（一）预防措施 …… 25
（二）主要病害种类 …… 25

六、青虾的产品质量要求 …… 26
（一）感官要求 …… 26
（二）安全指标 …… 26

七、青虾养殖实例 …… 27
（一）青虾单品种双季养殖实例 …… 27
（二）南美白对虾与青虾轮养实例 …… 27
（三）河蟹与青虾生态混养实例 …… 28

第二部分　罗氏沼虾苗种繁育及养殖技术

一、品种介绍及养殖情况 …… 29
（一）品种介绍 …… 29
（二）养殖情况 …… 29

二、罗氏沼虾的生物学特性 …… 31
（一）外部形态 …… 31
（二）生活习性 …… 31
（三）食性 …… 31
（四）生长特性 …… 31
（五）繁育习性 …… 32

三、罗氏沼虾苗种繁育技术 …… 33
（一）工厂化育苗设施条件 …… 33
（二）亲虾越冬培育技术 …… 37
（三）罗氏沼虾育苗技术 …… 38

四、罗氏沼虾成虾养殖技术 …… 44
    (一) 池塘罗氏沼虾单季养殖模式 …… 44
    (二) 池塘罗氏沼虾二茬养殖模式 …… 50
    (三) 池塘罗氏沼虾与青虾轮养模式 …… 52
    (四) 池塘罗氏沼虾与南美白对虾轮养模式 …… 53

五、罗氏沼虾病害防治 …… 54
    (一) 亲虾培育阶段病害预防 …… 54
    (二) 育苗阶段的病害防治 …… 54
    (三) 成虾养殖阶段的病害防治 …… 55

六、罗氏沼虾的产品质量要求 …… 56
    (一) 感官要求 …… 56
    (二) 安全指标 …… 56

七、罗氏沼虾养殖模式实例 …… 56
    (一) 罗氏沼虾单季养殖 …… 56
    (二) 罗氏沼虾与青虾轮养 …… 57

第三部分 克氏原螯虾苗种繁育及养殖技术

一、品种介绍及养殖情况 …… 58
    (一) 品种介绍 …… 58
    (二) 市场情况 …… 59
    (三) 养殖情况 …… 59

二、克氏原螯虾的生物学特性 …… 60
    (一) 生活习性 …… 60
    (二) 分布 …… 61
    (三) 形态特征 …… 62
    (四) 食性 …… 62

（五）生长 62
三、克氏原螯虾苗种繁育技术 63
　　（一）亲虾选择及产卵 63
　　（二）虾苗培育 64
　　（三）虾苗捕捞 65
　　（四）虾苗运输 65
四、商品虾养殖技术 66
　　（一）池塘清整消毒 66
　　（二）放养前准备 67
　　（三）虾苗放养 68
　　（四）饲料投喂 69
　　（五）水质管理 70
　　（六）日常管理 71
　　（七）克氏原螯虾病害防治 72
　　（八）捕捞 74
　　（九）商品虾运输 75
五、克氏原螯虾的产品质量要求 76
　　（一）规格 76
　　（二）感官要求 77
　　（三）安全指标 77
六、克氏原螯虾养殖实例 77
　　（一）池塘专养克氏原螯虾 77
　　（二）克氏原螯虾与青虾池塘轮养 78
　　（三）克氏原螯虾与水稻共生养殖 80

第四部分　河蟹苗种繁育及标准化养殖技术

一、品种介绍及养殖情况 …………………………………… 81
　（一）品种介绍 ………………………………………… 81
　（二）养殖情况 ………………………………………… 81
二、河蟹的生物学特性 ……………………………………… 82
　（一）生命周期与性成熟 ……………………………… 82
　（二）生长和水温 ……………………………………… 82
　（三）生长与蜕变 ……………………………………… 83
　（四）食性与摄食 ……………………………………… 83
　（五）栖居与掘穴 ……………………………………… 83
　（六）自切与再生 ……………………………………… 83
　（七）生殖与变态 ……………………………………… 83
三、产地生态环境要求 ……………………………………… 83
　（一）基础设施 ………………………………………… 83
　（二）自然条件 ………………………………………… 84
四、河蟹土池育苗技术 ……………………………………… 85
　（一）怀卵蟹来源 ……………………………………… 85
　（二）育苗池结构 ……………………………………… 86
　（三）幼体培育 ………………………………………… 86
五、蟹种培育技术 …………………………………………… 88
　（一）蟹种池设施 ……………………………………… 88
　（二）蟹种培育 ………………………………………… 89
六、商品蟹养殖技术 ………………………………………… 90
　（一）池塘河蟹生态混养技术 ………………………… 90
　（二）小外荡河蟹养殖技术 …………………………… 95

七、河蟹主要病害的防治 …………………………………… 97
　（一）病害预防 ………………………………………… 97
　（二）主要病害 ………………………………………… 98
八、河蟹的产品质量要求 …………………………………… 99
　（一）感官要求 ………………………………………… 99
　（二）安全指标 ………………………………………… 99
　（三）运输与包装 ……………………………………… 99
参考文献 …………………………………………………… 101

第一部分
青虾苗种繁育及养殖技术

一、品种介绍及养殖情况

（一）品种介绍

青虾俗称河虾，学名日本沼虾，隶属节肢动物门、甲壳纲、十足目、长臂虾科、沼虾属（见彩插）。广泛分布于我国温带地区的淡水水域，在从南到北的江河、湖泊、沟渠、水库及低盐度的河口水域都有栖息。青虾对环境的适应能力较强，耐低温，在浙江省能自然越冬，是一种杂食性、生长快、繁殖力强的淡水经济虾类。

青虾肉味极鲜美，营养丰富，是名特优水产品中的上品，深受消费者欢迎，产品在市场上畅销不衰，且可常年供应，没有季节性限制。青虾营养价值较高，据测定，每 100 克鲜虾肉中含蛋白质 16.4 克、脂肪 1.3 克、碳水化合物 0.1 克，还含有丰富的微量元素和多种维生素。

（二）养殖情况

浙江省是目前全国青虾养殖的重点省份。浙江省从 20 世纪 90 年代开始试养青虾，首先在湖州市突破了苗种繁育及商品虾养殖技术。由于养殖青虾的池塘条件要求低，成本投入少，市场需求量大，所以池塘养殖的经济效益好，农户的养殖积极性也较高。20 世纪 90 年代中后期青虾池塘养殖技术在全省得到了大面积推广，主要养殖地区有湖州市、杭州市、绍兴市及嘉兴市，到 2009 年全省养殖面积达 25 万亩，养殖产量为 2.28 万吨。其中，湖州市的青虾养殖面积最大，为 15 万亩，产量为 1.23 万吨，总产值达 5 亿元。

青虾池塘养殖有多种养殖模式,包括青虾单双季养殖、青虾与河蟹生态混养、青虾与罗氏沼虾(或南美白对虾)轮养等。其中养殖面积最大的青虾单品种养殖,双季养殖每亩产量为50~100千克。商品虾批发价格为30~80元/千克,每亩产值2500~5000元,每亩利润1500~3000元。青虾与其他品种的轮、混养模式能获得比单品种养殖更高的经济效益和生态效益。池塘青虾养殖采用塘内种植水草的生态方式,饲料的利用率较高,排出的废水量少,对养殖周围水环境的影响也很小。

图1-1所示为典型的青虾养殖池塘。

图1-1 青虾养殖池塘

二、青虾的生物学特性

(一)外部形态

青虾体型粗短,由头向尾部逐渐变小,成虾体长5~7厘米,体色青蓝,并带棕色斑纹。随生活环境的不同,体色深浅变化很大,与周围环境相适应。

青虾身体分为头胸部和腹部两部分,头胸部13节,腹部7节。头胸部被背甲所覆盖,背甲前端有一剑状凸为额刺。额刺尖锐、平直,上下缘有细齿,齿式12~15/2~4,与罗氏沼虾的额刺末端向上弯曲有明显区别。青虾的附肢有19对,其中第一、第二触角为长鞭状,前2对步足末端呈钳状,后3对步足为爪状,游泳足5对,尾肢和尾节构成尾扇。

(二) 生活习性

在自然环境条件下,青虾一般栖息于水草茂盛的缓流区域,夏、秋季节活动于浅水处索饵和繁殖;冬季至初春移向深水处,潜伏在水底的石砾、树枝或水草丛中越冬。青虾对环境的适应能力强,可生活于3‰盐度以下的水域,能忍耐不低于0℃的水温,在浙江省可自然越冬。青虾的游泳能力较弱,仅能短距离游动,通常在水草、水底处攀缘爬行,遇敌时做弹射式退却。青虾趋弱光而避强光,白天蛰伏于阴暗处,晚上出来觅食。

(三) 食性

青虾是杂食性虾类,它用螯状步足钳住食物交替送往口中。在天然水域中,青虾以植物性饵料为主,包括水生植物的嫩茎、叶片、根须,丝状藻类、附着藻类及有机碎屑;动物性饵料包括水生昆虫的幼体、小型甲壳类、水生蠕虫、软体动物及杂鱼肉等。在人工养殖条件下,青虾偏食动物性饲料。在食物匮乏时,青虾会相互残杀,软壳虾及体弱虾易被同类摄食。青虾的摄食强度有明显的季节性变化,主要受水温高低的影响:在10℃以上开始摄食,10~30℃随水温升高而摄食增多,25~28℃为摄食最佳水温,8℃以下则摄食量显著减少,乃至停食。

(四) 生长特性

青虾在整个生命期间需蜕壳20次以上,寿命14~15个月,分为4个阶段:胚胎发育期、蚤状幼体期、仔虾期和成虾期。胚胎发育阶段从青虾受精卵到第一期蚤状幼体出膜,一般需20~25天;第一期蚤状幼体经过8~9次蜕皮发育变态成为仔虾,体长为0.6厘米左右,时间需要15~30天;仔虾到成虾生长阶段,每隔7~11天蜕壳一次,经过20~30天的生长,体长达2.5厘米以上;成虾生长阶段,一般每隔15~20天蜕壳一次,体长3厘米以上。雄虾生长速度大于雌虾。5~6月繁育的虾苗到11月初,最大雄虾体长可达9厘米以上,重11克左右;最大雌虾体长在7厘米以上,重6克左右。水温在10℃以下青虾基本停止生长。当年5~7月繁育的虾苗到翌年的繁育期后,亲虾会陆续死亡,雄虾先于雌虾死亡。

(五)繁育习性

1. 雌、雄虾区别

性成熟青虾的雌、雄个体在形态特征上有明显的区别(见彩色插页)。雄虾的第二步足强大,长度为体长的1.2~1.7倍;雌虾的第二步足较短小,与体长等长或略短。雄虾第二腹肢上有一指状的雄附肢,长度约为内肢的1/2,上着生粗壮的刚毛,雌虾没有附肢。雄虾生殖孔开口于第五步足的基部;而雌虾开口于第三对步足基部内侧,呈一小突起,周围有一大簇刚毛。

2. 性成熟期和产卵期

青虾的性成熟时间较短,在池塘养殖条件下,虾苗经过1~2个月的生长,在体长3厘米以上时就可达性成熟;而在天然水域中,性成熟需要的时间较长,个体较大。在长江中下游地区,池塘养殖的青虾产卵期在4月下旬至9月初,产卵盛期5月下旬至7月中旬,产卵时水温18℃以上,适宜水温22~30℃。春季天然水域水温提升较池塘慢,产卵期在5月中旬至8月上旬。青虾在春季有一个产卵高峰期,由越冬青虾产卵,连续产2次;在秋季的产卵高峰期,由当年春季孵出、生长并达到性成熟的青虾产卵。

3. 交配与产卵

青虾交配在临近产卵之前进行,雌虾每产卵一次,需要交配一次。雌虾在交配前先行生殖蜕壳,雄虾在雌虾新壳柔软时,与之拥抱交配。

交配时雄、雌虾腹面相贴,侧卧水底或水草上,随后雄虾将精荚射出,黏贴于雌虾第四、第五步足基部。在雌、雄虾交配7~28小时后,雌虾即行产卵,产卵多在夜间进行。产卵时雌虾腹部向前弯曲,腹肢煽动,卵粒从生殖孔中产出,与精荚中的精子相遇受精,卵黏附在第一至第四对附肢刚毛上。刚产出的卵呈浅黄绿色,随着胚胎的发育,颜色逐渐变淡和透明,并出现深褐色的复眼。青虾的抱卵量因雌虾体形的大小而异,一般为500~5000粒。

4. 孵化与幼体变态

青虾携卵孵化,受精卵在抱卵室内得到良好的保护。在孵化过程中,其游泳足不停地煽动,以促进水体交换,保证足够的氧气供应胚胎发育。青虾用第一步足整理卵粒,清除死卵和污物。在孵出幼体时,雌虾腹肢间断而快速地颤动,帮助新出膜幼体离开母体。青虾受精卵的孵化率可达到95%以上。水温19.5~26℃时,自雌虾产卵到幼体出膜的胚胎发育时间为14~25天,水温越高,时间越短。

青虾的蚤状幼体经过9期的发育变态成为仔虾,时间为20~25天。第一至第九期的蚤状幼体游动时腹部向上,头部向下,呈漂浮运动;仔虾与成虾的外形和运动方式基本一致,可做水平游泳。仔虾的体长为5毫米左右。

三、青虾苗种繁育技术

(一)繁育条件

1. 池塘条件

湖州市养殖青虾时,亲虾和苗种的培育在池塘中进行。池塘面积为1~3亩,可比成虾养殖池塘略小,水深1~1.5米,池底平坦,底部淤泥留约10厘米,多余淤泥应清除。塘埂不漏水,池塘坡比为1:(2~3)。在冬春季放养亲虾,或初夏放养抱卵虾。在生产季节前一个月左右,每亩池塘用生石灰100~150千克带水10~15厘米清塘消毒,并曝晒池底。

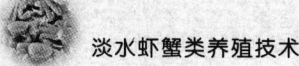

2. 水源条件

池塘外河水源应水量充足,附近地区没有工农业生产的污染,远离印染、电镀、化工等重污染工厂;育苗池塘边最好有四大家鱼养殖池塘,以提供适当肥度的水供青虾育苗使用。

3. 配套设施

池塘应有较完善的进、排水渠道及电力设施,每个池塘配备增氧机和水泵各1台。

(二) 亲虾挑选及运输

1. 亲虾来源

青虾亲本一般从养殖池塘中挑选,或从湖泊、河流中捕捞天然的野生青虾,以太湖天然种群作为繁育用亲虾最好。亲虾的收集以在秋、冬季节进行较好,此时水温较低,亲虾的运输及养殖成活率高。也可在繁育季节开始的5月初,直接从池塘或湖泊中收集抱卵亲虾,放入育苗池中孵幼培养。为保持青虾良好的种质及生长性能,不能从发病青虾养殖池塘中挑选亲本;在一个区域内连续养殖3~5年后,应及时更换亲本或与其他地方交换亲本。

2. 亲虾规格及要求

亲虾选留的标准为:个体较大、体表光洁、附肢齐全、健康无病、成熟饱满。要求雌虾规格:体长5厘米以上、个体重量3克以上。雄虾比雌虾略大。选留培养的雌、雄虾比例为(2~3):1。

3. 亲虾运输

(1) 活水车运输。可用木材制作青虾箱,通常规格为100厘米×50厘米×15厘米,每箱可放置青虾2.5~5千克,一层层叠放在大水箱中,用气泵或氧气瓶充氧。高温季节可放置冰块运输,以提高运输成活率。

(2) 尼龙袋运输。采用规格为70厘米×40厘米的双层尼龙袋,内放水1/3,把青虾的额尖用塑料管套着或剪去,以防额角刺破尼龙

第一部分 青虾苗种繁育及养殖技术

袋。在秋、冬季水温20℃时,每袋装200~250尾;在春、夏季水温25℃时,每袋装100尾,排出空气,充入氧气,扎紧袋口,装入纸箱后运输。

(三) 亲虾放养及培育

1. 池塘准备

池塘经过清整消毒,进水1~1.5米深,进水需经60目规格的尼龙网袋过滤,以防止野杂鱼类进入。把经过挑选的亲虾放入池塘中,进行自然越冬和培育。池塘又可作为幼体培育池。池塘四周种植轮叶黑藻等水生植物,或在水面放养水花生,供亲虾栖息。

2. 亲虾放养及培育

一般每亩池塘放养亲虾10~15千克,放养时应避开冰冻期。也可在繁殖季节前直接每亩放养抱卵虾10千克。当池塘水温低于10℃时,基本不投饲;当水温上升到10℃以上时,可根据水温的高低适量投喂饲料,日投饲率为1%~3%,一般使用青虾专用配合饲料。

(四) 青虾幼体培育

1. 繁育季节

每年的5月中旬至7月为青虾苗种的最佳繁殖季节,此时水温达到22~30℃,阴雨天数较少,无强冷空气来袭,幼体培育成虾苗的把握较大。在放养有亲虾的池塘,应定期检查抱卵虾的发育情况,当胚胎出现眼点、幼体即将孵出时,池塘应适当冲水刺激,促使幼体整齐孵出。在亲虾全部孵出幼体后,用地笼网具将其捕出出售。

2. 水质培养

在青虾蚤状幼体孵出后,进入幼体培育阶段。从幼体变态到仔虾需要20~25天时间。幼体以水体中的藻类、轮虫、枝角类为食,池塘应保持一定的肥度,水质应肥、活、嫩、爽,透明度控制在20~30厘米,水色呈黄绿色。池塘应保持一定的浮游生物数量,如肥度不够,可打入另外池塘的肥水[近期应未使用菊酯类、美曲膦酯(敌百虫)等对虾类有毒的药品];可采用泼洒豆浆肥水的办法,视水质肥瘦情况,每亩每天用黄豆量为1~2.5千克,磨浆后全池泼洒;也可施发酵过的有机肥,每亩用量为100~200千克;或施无机钙镁磷肥、复合肥,每亩2~3千克。

3. 水质管理

在幼体培养初期,池塘水深应保持在60~80厘米,并随水温升高及幼体发育,不定期加注新水;后期水深应保持在1.2~1.5米,但水体透明度不低于30厘米,一旦水质变清,则要加注肥水,或适当施肥。晴天中午可开启增氧机2~3小时,以改善水质。在培育期间,可使用枯草芽孢杆菌、光合细菌等微生物水质改良剂1~3次。

4. 投饵管理

幼体发育变态成仔虾后,转为底栖生活,可摄食人工饲料,此时可以适度投饵。饲料种类有鱼粉、蚕蛹粉及青虾配合饲料破碎料等。每亩每天的用量为0.5~1千克,投饵率10%左右,一天投喂2~3次,上午、下午及晚上各1次,晚上投喂量宜稍多。

(五) 虾苗捕捞

仔虾经过10~20天的培养,体长达到1.5厘米以上时就可捕捞出池,或放养进行成虾养殖,或出售。正常情况下,每亩虾苗产量为30万~50万尾。捕捞宜选择在晴天的上午进行,同时也要避开在高温季节的中午操作,以防虾苗缺氧死亡。捕捞虾苗可采用以下方法:

1. 密网围捕

首先应放低水位,然后拉起网角,将网内的虾苗带水用面盆放入已准备的集苗网箱内。拉网时速度要慢,步子宜小而轻快。起网时不可离水操作,以防虾苗黏附于网衣而干死。

2. 抄网扦捕

在水花生等水面植物下,可单人用抄网操作进行捕苗。此方法适宜在池塘较小、需求量较少时使用。

3. 流水捕捞

先将池塘内的水生植物适当捞除一些,然后在池塘出水处,用

PVC 管作出水口,出水口下面放集虾网箱。集虾网箱应放置在有一定水位的渠道内,箱内应充气,池塘放水时,虾苗顺水游入集虾网箱中。流水捕捞的优点有:对虾苗的损伤小,劳动力节省,虾苗的运输成活率高。

(六)虾苗运输

1. 虾苗暂养

虾苗起捕后,应在网箱中暂养 1～2 小时,待其适应后再进行运输;网箱内应捞除杂草及污物,并充气增氧,以防止虾苗缺氧死亡。集虾网箱用 40 目规格的尼龙筛绢制成,规格为 100 厘米×70 厘米×40 厘米,每箱可集虾苗 5 万～10 万尾。

2. 虾苗运输

虾苗运输一般采用尼龙袋充氧或水箱充气运输。长距离运输采用尼龙袋充氧运输方法,袋中装水 1/3,将计数过的虾苗装入袋中,排除空气,充入氧气,用橡皮筋扎紧袋口,放入纸箱中待运。运输过程中应防止阳光曝晒。根据虾苗规格大小、运输距离远近及温度高低情况,每袋可装虾苗 0.3 万～0.5 万尾,运输时间 4～18 小时。中、近距离宜采用水箱或帆布篓运输,水箱内不间断充气,装运密度为每立方米 20 万～40 万尾,运输时间应控制在 5 小时内。

四、青虾的养殖技术

(一)青虾的双季养殖模式

1. 养殖条件

(1)池塘条件如图 1-2 所示。养殖池塘经过改造和修整,一般都可以作为青虾养殖池塘。经过多年养殖的池塘要清除过多的淤泥,使底部淤泥控制在 10 厘米以内。土壤以黏土或壤土为好,因这两类土壤保水性能好,可保证池塘不漏水。酸性土壤的池塘要在使用前用生石灰处理池塘底质,使其呈微碱性。

池塘形状以长方形为多,长宽比为 3∶1～3∶2;以东西向长、南北向宽为宜,这样的虾池光照时间长,投饲管理和拉网操作也较为方便。虾池面积多为 1～5 亩,一般不超过 10 亩,因为面积太小,水质理化因子变化大,不利于青虾生长,而面积太大,管理和操作又不方便。池塘深度一般在 1.2～1.8 米,夏季应能蓄水 1 米以上。池塘的埂面宽度应在 2 米以上,塘埂的坡比以 1∶3 为宜。

图 1-2　青虾养殖池塘条件

(2)设施条件。青虾养殖场应交通便利,运输车辆可直接进场。电力设施应完备,每亩适宜配备的容量为 0.3～0.5 千伏安,低压电线路应直达每个池塘。应建设较完善的进、排水系统,最好是进、排水管渠分开设置,进水渠可用"U"形水泥板,或用 PVC 管道,排水渠一般用明渠较好。一个约 50 亩面积的中小型青虾养殖场,需配备 10.16 厘米(4 英寸)或 15.24 厘米(6 英寸)的水泵 2～3 台;叶轮式(图 1-3)或水车式增氧机的配备功率为 0.5 千瓦/亩,也可同时配备微孔管底增氧设备;每 10～20 亩养虾面积配备一台罗茨或旋涡风机,功率 2.2 千瓦,总、支气管内径为 75 毫米,底部微孔管内径为 12 毫米,微孔管布设采用多点条形或盘形布局,每亩布设长度40～60米,微孔管离塘底部10～20厘米,用木桩固定或砖块垫起。

图1-3 叶轮式增氧机

(3)水源条件。青虾养殖场的外河水源要充足,以避免干旱或洪涝的影响。用水水质应符合农业部 NY 5051《无公害食品 淡水养殖用水水质标准》要求,水源附近应无工业、农业和生活污染,特别是不能受到化工厂、印染厂、电镀厂等的污染影响。水的pH宜为7～8,中性或微碱性,水应无异色、异味。外河水源要流动,水草不能覆盖太多面积。

2. 池塘的清整消毒

(1)清除淤泥。经过一个养殖季节后,在放养青虾苗种前1～2个月,池塘一定要清整消毒,清除底部多余的淤泥,一般留10厘米左右,并经过阳光曝晒,使底质的有机物得到分解,以利于水质培养。清除的淤泥可用于修补塘埂、塘坡。

(2)生石灰消毒。在放虾苗前半个月到1个月(5月下旬至6月中旬),池塘带水15厘米,每亩用生石灰75～100千克化浆后全池泼洒

(图1-4)。泼洒应均匀,以杀灭野杂鱼类及病原体,并改善池塘底质。禁止使用五氯酚钠等国家禁止使用的杀虫剂。

清塘消毒后从外河进水时,一定要用规格为60目的绢网制成的网袋过滤,以防止野杂鱼类及其卵进入,否则养殖产量及出池规格将大幅降低。

图1-4 池塘用生石灰清塘消毒

3. 虾苗放养

(1) 水质培养。在放养虾苗前的3~5天,池塘注水0.6~0.8米,进水需经过网袋过滤(图1-5)。多年养殖的池塘一般用生石灰清塘后,水质肥度能达到要求,不需要施肥。新开挖的池塘,如池水肥度不够,可注入近期未使用过美曲膦酯(敌百虫)或杀灭菊酯类药物消毒的其他鱼塘肥水,或者每亩施无机肥2.5~7.5千克(磷肥或复合肥),或者每亩施发酵过的有机肥100~200千克,以培养浮游生物。进水后保持池塘水体的透明度在30~40厘米,水色呈黄绿色。

(2) 虾苗放养。放养虾苗前应先进行试水:在池塘内放置小网箱,网箱内放养少量虾苗,观测1天后,若虾苗活动正常,确认石灰碱性消失,可以大批放养。虾苗放养时间宜在6月下旬至7月底,水温以25~30℃为宜,避免在中午高温时放养。放养时将尼龙袋在水中浸10分钟,待袋内外温差小于2℃时放入池塘。放养的虾苗规格为体长1.5厘米以上,每亩放养4万~6万尾,要求虾苗规格整齐、活力强、体色正常、无病状。

图1-5 青虾池塘进水过滤

(3)搭养滤食性鱼类。在青虾养殖池塘搭养滤食性鱼类能改善池塘水质,增加收入。一般放养一龄仔口鱼种50尾,规格为体长10~15厘米,其中鲢鱼30尾、鳙鱼20尾,不放养鲤鱼、草鱼等吃食性鱼类。

4. 水草的栽种

(1)水草种类。养殖池塘内需栽种水生植物为青虾提供栖息及隐蔽场所(图1-6)。栽种的水生植物主要有浮水性的水花生、空心菜和沉水性的轮叶黑藻、伊乐藻等。底层水草可在青虾苗种放养之前栽种,以便于操作;而浮水性水草在青虾苗种放养前后都可以栽种。如放养从外荡捞来的水花生或轮叶黑藻等,则需要将水草清洗干净,以免将黏附在水草上的鱼卵带入养殖池塘中。

(2) 栽种面积。水草种植面积一般占池塘总面积的20%~30%。浮水性的水草栽种面积不得超过池塘面积的20%,因为养殖池塘浮水性水草过多,会影响水体浮游植物的光合作用,使水质变坏。沉水性水草较多可增加青虾栖息面积,但会导致青虾捕捞时困难增大,而且可使水体变清、变瘦,容易导致丝状藻类滋生。因此,对于养殖池塘内过多的水草应及时清除,以免影响养殖效果。

图1-6 池塘底部种植水草

5. 投饲管理

(1) 饲料要求。在整个青虾养殖过程中,应全部投喂优质全价颗粒配合饲料,不用粉状及鲜活饵料。饲料的物理性状要求为:采用优质原料,制成的颗粒粒径、长短均匀一致,色泽一致,粉末少,气味纯正、无异味,水中稳定性不小于2小时,溶失率≤12%。使用的饲料规格有破碎料和直径为2毫米的颗粒料(图1-7)。饲料营养要求为:配制的饲料营养完全、平衡,粗蛋白含量为35%以上(其中动、植物蛋白之比为1:1),粗脂肪含量为5%,添加维持虾类健康必需的维生素和矿物质,配合饲料中不得添加喹乙醇等促生长剂。

(2) 投饲方法。根据青虾的摄食习性,在不同阶段投喂饲料的种类、数量和次数应不同,具体投饲量一般幼虾期为池内虾重的5%～10%,成虾期为3%～5%。在放养虾苗30天内应投喂细碎料,其投喂量每亩每天从0.25千克逐步增加到0.75千克,每周调整一次;30天后随着青虾的生长,应投粒径为2毫米的配合颗粒饲料,其投喂量每亩每天从1.0千克逐步提高到2.5千克,每星期增加一次投饲量。在养殖初期,每日投饲3次,上午、中午、下午各1次;在养殖的中、后期,每日投饲2次,上午8～9时投总量的30%,下午17～19时投总量的70%。池塘投饲量的高峰期在9月中旬至10月中旬,以后投饲量随水温的降低而减少。在投喂饲料时,应沿池塘四周均匀撒投,上午投于池塘的深水处,晚上投于池塘的浅水处。应根据青虾的存塘量、水温、天气、病害等状况每日调整投饲量,次日早晨检查池塘剩饵情况,要求以虾全部摄食完为宜。在池塘水质变差、气候异常时应减少或停止投饲。

图1-7 青虾颗粒配合饲料

6. 水质管理

(1) 水质要求。青虾养殖池塘水质的总体要求是"肥、活、嫩、爽"。

对水质的理化因子要求较高,水体透明度应控制在30~40厘米,前期可适当肥一些,后期应淡一些;水色以黄绿色为好;水中的溶氧量要达到3毫克/升以上,氨氮、亚硝酸氮及硫化氢的含量应较低。

在养殖初期,池塘水位应保持在80厘米左右,并每隔1周视塘水肥瘦情况,加注外河水或外池塘肥水10~20厘米。在夏季高温季节,应保持水位在1.2~1.8米。

(2)水质调控。可采用多种方法调节池塘水质,使青虾生长良好。

使用生石灰化浆泼洒可调节池塘水质,使pH控制在7.5~8.5,同时还能增加水中钙离子含量,促进虾的生长。生石灰宜每20天泼洒1次,每次每亩使用量为5~10千克,一般在晴天的上午施用,避开高温中午施用,阴雨天禁止施用。

在养殖过程中,也可定期使用芽孢杆菌、光合细菌、乳酸菌等微生物制剂(图1-8)来改善池塘水质,抑制水体中蓝藻、致病菌的生长。一般每10~20天使用1次。在池塘施用消毒剂或杀虫剂使水质遭到破坏后,使用芽孢杆菌效果较好;在水质过浓、藻类生长过旺时,使用光合细菌或乳酸菌效果较好。在使用微生物制剂的前后5天,禁止施用消毒剂。

在7~10月,池塘配备的增氧机要在晴天的中午开启3~4小时,一般在每天的11~14时应用,以充分搅动池塘水体,使水体上、下层的溶氧含量、水温一致,水中营养物质得到分解,以改善水质。装备有微孔管底增氧设施的池塘,也应在晴天的中午开启设备。

图1-8 微生物水质改良剂

(3) 防缺氧措施。青虾对水中溶氧量要求高,窒息点较高,水中的溶氧量低于1毫克/升时,即可因缺氧死亡。为防止池塘缺氧死虾现象发生,除日常做好水质调控工作外,平时还应密切掌握天气的变化情况,坚持早晚巡塘,观察池塘水质及青虾的活动情况。在天气闷热、阴雨天时,应减少投饲量,并及时开启增氧设施。如池塘水中缺氧,虾类首先会成群沿池周游动,或跳到水草上,软壳虾最先死亡,在这种情况下应采取开启增氧机(图1-9)、撒增氧粉(过碳酸钠等)、加注新鲜水等急救措施。

图1-9 增氧机增氧

7. 青虾的春季养殖

(1)苗种放养。夏季放养的虾苗经过半年多的养殖,大部分在春节前后捕捞上市,而秋季自繁苗种未达到上市规格的,可继续留塘,养殖到翌年的5月上市,这一阶段为青虾的第二季养殖。第二季养殖的青虾一般每亩放养7.5～10千克,虾种规格为1600～2000只/千克,每亩产量可达到30～50千克。宜适当搭养仔口鲢、鳙鱼种,每亩30～50尾,以控制池塘水质。

(2)养殖管理。早春的水位应控制在60～80厘米,水透明度在30厘米左右;随水温的升高,每10天加注新水一次,逐渐提高水位至

1.2米。从4月上旬开始,可施用微生物制剂对水质进行调控,晴天中午开启增氧机2~3小时。

水温升高至10℃以上可开始投饲,3月每2~3天投饲一次,每次每亩约0.5千克,在温度较高的下午投喂;4月每天投喂一次;5月水温上升到25℃时,每天上午、下午各投喂一次,投饲率为1‰左右。5月底前应捕光池塘内的青虾上市,对池塘进行清整消毒,或挑选符合规格要求的青虾作为亲虾,留在池塘内繁育虾苗。

8. 青虾捕捞

(1)地笼捕虾如图1-10所示。地笼是原使用在外荡、湖泊捕捞虾蟹的工具,用聚乙烯材料制成圆形或方形的网身,长度为5~15米,边上开有多个倒喇叭形口子,随青虾的活动,一直爬到网身的一端而被捕获。青虾养殖过程中,个体差异较大,通过常年的捕大留小,可控制池塘中青虾的数量,促使小虾加快生长,增加总产量,从而提高养殖经济效益。

图1-10 地笼捕虾

(2)抄网捕虾。该方法适合放养有浮面水草的养虾池塘使用。在冬季低温季节,水温下降到10℃以下,青虾停止摄食,活动减弱,栖息在水草根茎上时,单人使用"Φ"形抄网在水草下抄捕,尤其适合小面积池塘的捕捞作业。

(3) 小拖网捕虾。适合于池底部平坦、塘底水草较少、淤泥不太厚的池塘使用。该法使用的网具较轻巧,可根据需要捕捞青虾的大小设置网眼规格,捕获大虾,小虾从网眼中自然流出。该法一般为双人操作,两人各立池塘一边,用钢绳来回拖数次后,起网一次。该法操作简单,捕大留小,且虾体不易受伤。

(4) 干塘捕虾。在用以上方法捕获大部分青虾后,余下部分青虾可采用干塘捕虾。在池塘排干池水的同时,青虾会游入较深水潭中,此时用捞海捕出。用该方法捕出的青虾黏附泥浆,需要放入充气的网箱中清养1~2小时后运输,以提高成活率。

9. 青虾运输

(1) 干法运输。该法适合于冬季小批量商品虾的短途运输,装运青虾的容器内覆盖水花生、轮叶黑藻等水草,以保持虾的湿润状态。虾应均匀放置,不能重压或堆积在一起,以免受伤或缺氧死亡。在运输中也不能受冻和受太阳光直射。图1-11所示为养殖户将现场售卖的商品虾进行称重,准备运输。

图1-11 青虾的出售和运输

(2) 专用虾箱运输。该法适合于大批量的汽车长途运输,一次运输量可达到400~1500千克,运输距离最长可达1000千米以上,运输成活率为80%~90%,且不受季节的限制,操作与管理简便。由铁板焊接而制成的虾箱,按容量大小分5吨、3吨、2吨级,分别可装运1000千克、600千克、400千克青虾。另配备有增氧泵及动力系统,并在虾箱内装有增氧管道,以便在运输途中连续充气增氧。青虾放置在专门制作的集虾箱中,再依次层层放入大的虾箱中。集虾箱由钢筋、铁丝及无节网片制成,规格为85厘米×40厘米×10厘米。每只集虾箱装10千克青虾,每只虾箱按水容量的大小配备几十至上百只集虾箱。

(二) 河蟹与青虾生态混养模式

1. 池塘条件

该养殖方法的池塘条件与青虾的单品种养殖基本相同,面积可适当大一些,最好有一定面积的浅水区(图1-12),塘底应平坦、淤泥少些。

图1-12 河蟹与青虾混养池塘

2. 防逃设施

池塘四周一定要做好防逃设施,材料一般用铝皮、加厚薄膜、钙塑板等,埋入土中20～30厘米,高出堤埂50厘米,并每隔50厘米用木桩或竹竿支撑。池塘的四角应呈圆角,防逃设施内应留出1～2米的堤埂。池塘外围宜用网片包围,高1米,以利防逃和便于检查。

3. 种植水草及放养螺蛳

池塘中应保持一定数量的水草,以提供河蟹及青虾栖息、避敌、蜕壳的场所。在夏季高温季节,水草还可降低水温,促进河蟹的生长。常用水草的品种为沉水的轮叶黑藻或伊乐藻和浮水的水花生相结合,浮面水草的面积不宜超过池塘总面积的30%,沉水水草的面积不宜超过池塘总面积的70%,生长过多的水草应及时割除。宜放养活螺蛳:在蟹种放养的同时,每亩放养螺蛳200～400千克,大量繁殖的小螺即可作为蟹的活饵料,同时螺蛳摄食浮游生物和有机物质,也可起到净化池塘水质的作用。

4. 苗种放养及产量要求

(1)蟹种的放养。蟹种宜选择自己培育或本地培育的长江系种,尽量不要购买外地的蟹种。蟹种放养的时间应在深秋初冬(11月至12月底)和初春(2月底至4月初),以初春放养更为适宜,水温应在4～10℃,应避开冰冻严寒期。放养密度为每亩1龄蟹种600～800只,蟹种规格为每千克120～200只,要求规格整齐、无断肢足、无病斑。

(2)虾苗的放养。虾苗放养时间在6月下旬至7月下旬,每亩放养密度为2万～4万尾;虾苗规格为每千克0.5万～1万尾,不放养有红鳃、红体病的虾苗;避免在高温季节的中午放养。

(3)鱼种的放养。池塘可搭养鲢、鳙鱼种,以调节水质,减轻浮游藻类过量繁殖的程度。可每亩放养1龄鲢鱼20尾、1龄鳙鱼10尾,规格为20～30尾/千克;或每亩放养鳜鱼10～30尾,规格为体长6厘米。

按以上放养要求,在正常养殖管理下,每亩可产河蟹50～75千克,青虾20～30千克,鳜鱼5～10千克。

5. 池塘养殖管理

(1) 投饲管理。池塘中已培育有螺蛳、水草等天然饵料,只是解决了虾蟹的部分饲料来源,因此,在整个饲料期间,做好饲料投放工作非常重要。投喂虾、蟹的饲料种类主要有虾蟹配合颗粒饲料、螺蚬、鲜杂鱼,另外搭配少量的大小麦、豆粕等植物性饲料。在饲养前期(3~6月),以投喂颗粒饲料和鲜杂鱼、螺蚬为主;在饲养的中期(7~8月),特别是在高温天气,减少动物性饲料的投喂数量,增加水草、大小麦等植物性饲料的投喂量,以防止河蟹过早性成熟和消化道疾病的发生;在饲养后期(8月下旬至11月),以投喂动物性饲料和颗粒饲料为主,以满足河蟹的生长和育肥所需,同时适当搭配少量的植物性饲料。在饲养过程中,投喂的饲料要求新鲜、不变质。

在日投饲量控制上,宜每日投喂1~2次。饲养前期每日投喂1次,饲养中后期每日投喂2次;上午投总量的30%,晚上投总量的70%;精饲料投饲率为2%~5%,鲜鱼块为6%~10%,螺蚬为30%~50%,且精饲料与鲜活饲料隔日或隔餐交替投喂;饲料应均匀投在浅水区,并坚持每日检查吃食情况,不过量投喂。整个养殖期间每亩池塘饲料的大概消耗量为:颗粒饲料100千克、鲜鱼300千克(或螺蚬1500千克)、青饲料100~200千克,另加少量的植物性精饲料。

(2) 水质管理。在整个饲养期间,应始终保持水质清新、溶氧丰富,池水透明度应控制在35~50厘米,前期可偏肥,后期宜稍瘦。养殖初期(3~5月)池塘水深宜在0.5~0.8米,6月后逐步加深水位,每5~7天添加新水一次,到高温季节池塘水深应达到1.2~1.5米,并每天灌注外河水20厘米左右。水草的覆盖率应达池塘面积的30%,以降低水温,保持一个使河蟹良好生长的水环境。每20~30天使用生石灰来调节水质,使池塘水呈微碱性,并可增加水中钙离子含量,以促进虾蟹生长。一般每亩每米水深每次用生石灰2~5千克,化浆后全池均匀泼洒,注意在高温季节减量或停用。每15~20天可施用微生物制剂改善水质,该法在换水不便或高温季节时效果特别明显。

图1-13所示为池塘生态养殖的河蟹。

图 1-13 池塘生态养殖的河蟹

(三) 池塘罗氏沼虾 (或南美白对虾) 与青虾轮养模式

1. 季节安排

池塘第一茬养殖罗氏沼虾(或南美白对虾),如图 1-14 为罗氏沼虾和南美白对虾;第二茬养殖青虾,可充分利用池塘空闲期,提高养殖

图 1-14 罗氏沼虾和南美白对虾

经济效益。罗氏沼虾(或南美白对虾)的养殖时间为4~9月,每亩产量为200~250千克;第二季青虾的养殖时间为9月至次年2月,每亩产量为25~40千克。

2. 养殖管理

第一茬池塘养殖罗氏沼虾(或南美白对虾)的池塘条件、清整消毒、苗种放养(图1-15)、投饲管理、水质管理等基本与罗氏沼虾的单季养殖模式相同。

图1-15 罗氏沼虾苗种放养

3. 青虾养殖管理

(1)投饲管理。8月底至9月上旬,在罗氏沼虾(或南美白对虾)起捕后进水1米,进水需经60目网眼规格制成的网袋过滤。每亩放养青虾苗种2万~3万尾,虾苗规格在3厘米以上,或在6月池塘中套养抱卵青虾,每亩放量1~2千克。投喂粒径为2毫米的青虾专用颗粒饲料,粗蛋白质含量在32%以上。投饲量从每亩0.25千克开始,逐渐增加,最高达到每亩1千克。到10月中旬后,水温降低,投饲量逐步减少,每天投喂2次,上午8时投1/3的量,下午17时投2/3的量。

(2)水质管理。加强水质管理,水透明度保持在30~40厘米。在池塘两侧放养水花生,面积占池塘水面积的20%,供虾栖息。深秋后,保持池塘水一定的肥度,以减少黑壳虾的产生及丝状藻大发生。虾苗饲养到春节前后,大部分虾可达到商品规格,此时用地笼定置网、抄网捕捞上市。

五、青虾病害防治

(一)预防措施

1. 控制和消灭病原体

使用生石灰对养殖池塘进行清塘消毒;使用的工具定期用漂白粉浸泡消毒;放养优质健康的苗种。

2. 改善养殖水质

使用优质水源;合理使用增氧机等渔业机械来搅动水体,增加溶氧量;利用芽孢杆菌、光合细菌、乳酸菌等微生物水质改良剂,减少水中的氨氮、亚硝酸氮、硫化氢等有毒物质。

3. 加强养殖管理

配备良好的进排水渠道、渔业机械设施;进行合理的投饲、水质管理;加强巡塘,勤于观察,谨慎操作。

4. 增强青虾抗病能力

放养优质苗种;选用优质饲料,饲料中添加维生素、多糖、活性肽等免疫增强剂;合理用药。

(二)主要病害种类

1. 黑斑、红鳃、烂鳃及红点病

该病病原为嗜水气单胞菌,流行于4~10月,在水温20~36℃时发病面积较大,严重时死亡率可达20%~80%,青虾、罗氏沼虾及河蟹均是其感染对象。患病虾类症状为身体上有黑点、鳃溃疡有泥、断足须,有的身体发红;患病河蟹身体及足上有褐斑,有的有洞,鳃不干净、发黑有泥。

青虾甲壳黑斑病可见彩色插页。

防治方法：用聚维酮碘（或其他消毒剂）稀释后全池泼洒，使浓度达到5～10毫克/吨（有效碘含量），连续泼洒2～3次；结合恩诺沙星或氟苯尼考药物内服1周，每千克饲料掺药3～5克。

2. 水霉病

该病的病原为真菌，在早春和晚冬时节最为流行，水温在10～20℃时最容易发生。症状为虾体表面覆盖一层白色棉状物。

防治方法：用二氧化氯全池泼洒，使浓度达到0.3～0.5毫克/升；或用甲醛溶液全池泼洒，使浓度达到25毫克/升。

3. 纤毛虫病

该病的病原为聚缩虫、累枝虫、钟形虫等，可寄生于虾、蟹的甲壳上。病虾、蟹体表有许多柔毛状物，手摸有滑腻感，行动缓慢，呼吸困难，蜕壳困难，对低氧敏感。

防治方法：大量换水，促使其蜕壳；用甲醛溶液全池泼洒，浓度为25毫克/升；或用硫酸锌溶液全池泼洒，浓度按使用说明指示；或用浓度为0.5毫克/升的硫酸铜溶液全池泼洒。使用药物后要注意水质变化，并开启增氧机，1天后适当换水。

六、青虾的产品质量要求

（一）感官要求

按照NY5158—2005《无公害食品　淡水虾》规定，活虾应具有本身正常的体色和光泽，体态匀称，体型正常，活动敏捷，无病态。

鲜虾要求虾体完整，联结膜破裂不应多于一处，外观鲜亮，甲壳具光泽，虾头不得有黑斑或黑圈；气味正常，无异味；肉质紧密有弹性；水煮后，具有虾固有的鲜味，口感肌肉组织紧密有弹性。

（二）安全指标

按照NY5158—2005《无公害食品　淡水虾》规定：汞（以Hg计）

含量不超过0.5毫克/千克,砷(以As计)含量不超过0.5毫克/千克,铅(以Pb计)含量不超过0.5毫克/千克,土霉素含量不超过100微克/千克,其他农药、兽药按国家有关规定执行。

七、青虾养殖实例

(一) 青虾单品种双季养殖实例

长兴县夹浦镇总家桥青虾养殖专业合作社社长许炳云,2009年拥有养殖青虾的池塘2个,面积15亩,各配备功率为3千瓦的叶轮式增氧机1台。2月放养小规格青虾种225千克,至5月底出售青虾成虾750千克,产值2.4万元,消耗青虾颗粒饲料1吨。5月,一个池塘放养25千克抱卵青虾。到8月,2个池塘放养青虾苗种125千克,规格为3000~5000尾/500克,每亩放养6.6万尾,卖出青虾苗140千克,销售额5320元。至春节前后,共出售青虾成虾580千克,规格3.5厘米以上,产值3.248万元;出售小规格虾种250千克,规格400尾/500克,产值0.6万元;消耗青虾配合饲料4吨,合计春、冬两季虾产量1580千克,每亩产量105.33千克,合计产值6.78万元,每亩产值4520元,总成本合计2.97万元,每亩成本1980元,总利润3.81万元,每亩利润2540元。

(二) 南美白对虾与青虾轮养实例

湖州市南浔区和孚镇养殖户陈建强,2010年拥有南美白对虾与青虾轮混养池塘1个,面积4.5亩,水深1.2米。4月29日进已淡化的南美白对虾苗31万尾,在面积为100平方米的大棚保温土池中暂养,水深1米,配置盐度3‰的池水,连续充气增氧。培育至5月18日出池放养大塘,暂养时间为22天,估计成活率90%以上,规格2~3厘米。饲养到7月中旬开始出售,采用地笼捕捞。到10月底基本捕光,共起捕南美白对虾1750千克,每亩产量388.9千克,规格120尾/千克,共消耗南美白对虾配合饲料1575千克,饲料粗蛋白含量38%以上,饲料系数0.9,产值5.25万元,平均销售价格30元/千克。

池塘8月放养青虾苗7.5千克/亩,规格为4000尾/千克,10月白对虾捕完后,青虾留塘饲养,投喂青虾配合饲料,11月中旬到春节前后陆续出售,预计产量25千克/亩,预计平均销售价格70元/千克,产值0.79万元。

该塘全年养殖二茬虾合计产值6.04万元,各项成本支出合计2.5万元,利润3.54万元,每亩利润7866.7元。

(三)河蟹与青虾生态混养实例

长兴县洪桥镇橡树下村河蟹养殖户雷雨庭,2009年拥有养殖池塘4个,面积共60亩。2月放养蟹种60000只,每亩放养1000只,规格140只/千克;放养青虾种250千克,每亩放养4.2千克;放养鳜鱼种1800尾,每亩放养30尾(规格5~7厘米);放养鲢、鳙鱼种2400尾,每亩放养40尾(规格20尾/千克)。

经过一年的精心饲养管理,共产河蟹4200千克,每亩平均产量为70千克;青虾575千克,每亩平均产量为9.6千克;鳜鱼350千克,每亩平均产量为5.8千克;花白鲢2000千克,每亩平均产量为33千克。

实现总产值33.66万元,每亩平均产值5610.33元(其中,河蟹28.81万元,每亩产值4802元;青虾2.3万元,每亩产值383元;鱼类2.55万元,每亩产值425元)。总成本15.06万元,每亩平均成本2509.58元(其中,塘租费54375元,每亩平均906.25元;苗种24440元,每亩平均407.33元;防逃设施12000元,每亩平均200元;饲料41100元,每亩平均685元;肥料4660元,每亩平均77.67元;鱼药6000元,每亩平均100元;电费6000元,每亩平均100元;临时工工资2000元,每亩平均33.33元)。纯收益18.61万元,每亩平均纯收益3100.75元。

第二部分
罗氏沼虾苗种繁育及养殖技术

一、品种介绍及养殖情况

（一）品种介绍

罗氏沼虾又名马来西亚大虾、长臂大虾、大河虾，隶属节肢动物门、甲壳纲、十足目、长臂虾科、沼虾属（见彩色插页），是世界上个体最大的淡水虾类。该虾原产于整个南亚、东南亚水域及大洋洲北部。罗氏沼虾是热带虾类，在浙江省养殖时不能在室外水域自然越冬。罗氏沼虾具有体形大、食性广、抗病力强、生长快的优良特性，在池塘中养殖期短，产量高。

罗氏沼虾肉味鲜美，营养丰富，是价廉物美的名优水产品，深受消费者欢迎，市场销量极大，供应时间在7~11月，销售受季节性限制。罗氏沼虾的营养价值较高，据测定，每100克鲜虾肉中含蛋白质20.5克、脂肪1.97克，还含有丰富的微量元素和多种维生素。

（二）养殖情况

我国自20世纪70年代引进罗氏沼虾，其人工养殖即开始在全国展开。特别是在20世纪90年代解决了苗种繁育技术和商品虾养殖技术难关后，该品种很快被广大养殖户接受，池塘养殖产量和经济效益迅速提高，养殖规模迅速扩大，目前已成为我国主要的经济虾类养殖品种之一。目前全国罗氏沼虾养殖面积已达到50万亩，总产量10万吨，总产值20亿元，养殖区域主要集中在江苏、浙江、广东等沿海地区，已成为这些地区水产养殖的一个主产业,并且形成了与之相关的苗种、饲料、渔机、加工等行业的产业化规模经营。

浙江省是全国罗氏沼虾养殖规模仅次于江苏、广东的省份,2009年养殖面积达5万亩,总产量1.37万吨。浙江省湖州市是全国罗氏沼虾苗种生产基地,该地采用工厂化温室育苗方式育苗,生产的淡化仔虾供应全国商品虾的养殖需要,其苗种年产量达到100亿尾以上,年产值1.5亿元,占全国总育苗产量的60%。2009年湖州市罗氏沼虾成虾养殖面积1万亩,养殖产量为2500吨左右,每亩平均产量约为250千克。

罗氏沼虾池塘养殖有多种养殖模式,包括沼虾的单双季养殖、罗氏沼虾与青虾轮养、罗氏沼虾与南美白对虾轮养等。其中,池塘罗氏沼虾与青虾轮养的模式经济效益较高,该模式第一茬养殖罗氏沼虾,第二茬养殖青虾,充分利用了池塘空闲期,提高养殖经济效益。近几年池塘边的商品虾出售价格为18~40元/千克,每亩产值达5000~10000元,每亩利润达2000~4000元。

图2-1所示为典型的罗氏沼虾养殖池塘。

图2-1　罗氏沼虾养殖池塘

第二部分 罗氏沼虾苗种繁育及养殖技术

二、罗氏沼虾的生物学特性

(一) 外部形态

罗氏沼虾体形粗壮,一般成虾体长 10 厘米以上,体呈蓝色,有时略带褐色。身体分为头胸部和腹部两部分,头胸部被背甲所覆盖,背甲前端有一剑状突为额剑,额剑的上下缘有细齿,齿式 12~13/11~12。额剑的基部隆起而末端微微上翘,这与青虾的额刺平直有明显区别。罗氏沼虾身体由头部 5 节、胸部 8 节、腹部 6 节、尾部 1 节,共计 20 节组成。罗氏沼虾的附肢共 19 对,其中第一、第二触角为长鞭状;第二对步足长而强大,末端呈钳状;后三对步足为爪状;游泳足 5 对;腹部第六对尾肢宽大,张开后与尾节构成尾扇。其外部形态详见彩色插页。

(二) 生活习性

罗氏沼虾属热带淡水虾类,但幼体发育阶段栖息在通海河口的咸水水域中,仔虾至成虾阶段则栖息在湖泊、河流及塘堰等淡水水域,喜栖息于混浊的水体中。沼虾对环境的适应能力强,可生活于淡水或低盐度的水域中,对水温要求较低,最低忍耐水温为 15℃。

(三) 食性

罗氏沼虾是杂食性甲壳动物,摄食面广,偏食动物性饲料。在天然水域中,其食物来源包括水生昆虫、藻类、种子、谷类、小型贝类、甲壳类、鱼肉等;在人工养殖条件下,可全部投喂配合颗粒饲料。在食物匮乏时,罗氏沼虾会相互残杀,软壳虾及体弱虾易被同类摄食。罗氏沼虾摄食强度主要受水温高低的影响,在水温 18℃ 以上开始摄食,18~30℃ 时随水温升高而摄食加强,水温超过 32℃ 时摄食减少。

(四) 生长特性

罗氏沼虾的生命周期分为受精卵、幼体、幼虾及成虾 4 个阶段。①受精卵阶段:黏附在母虾游泳肢上的受精卵在水温 25~27℃ 时 19~21 天孵出幼体。②幼体发育阶段：孵出的蚤状幼体体长1.7～2毫米,在水中营浮游生活,有趋光性,以卤虫无节幼体、轮虫等为饵料,需在咸水中发育变。在水温29～31℃时,幼体经过11次的蜕皮变态,15～20天就可发育成为仔虾。刚淡化的仔虾体长7～9毫米。③幼虾阶段：仔虾在淡水中生活,外形与成虾相似,营底栖生活,水平游泳。经过1个月的培育,幼虾可长到2～4厘米。④成虾阶段：幼虾再经过2～3个月的饲养,体长达到11厘米以上,个体重15克以上,即可达到性成熟期,性成熟后的雄虾个体明显大于雌虾。

罗氏沼虾的生命周期较长,可长达数年,个体重可达到数百克。

（五）繁育习性

1. 雌、雄虾的区别

性成熟后的罗氏沼虾雌、雄个体在形态特征上有明显的区别,具体见彩色插页。成熟雄虾的第二步足特别发达,粗大并呈鲜艳的蓝色或黄色,长度大大超过体长；雌虾的第二步足较短小,不超过体长。雄虾第二腹肢内肢与附肢之间有一棒状的雄性附肢,而雌虾无此构造。雄虾生殖孔开口于第五步足的基节,雌虾输卵管开口于第三步足基节。

2. 性成熟期和产卵期

罗氏沼虾的性成熟时间较短,在池塘养殖条件下,虾苗经过3～4个月的生长就可达性成熟。在长江中下游地区,育苗企业为配合池塘养殖罗氏沼虾的生产,在温室内将产卵期控制在每年的2～6月,产卵盛期在3月至4月中旬。产卵时水温应在25℃以上,适宜水温为27～30℃。同批亲虾可连续交配后产卵2～4次。

3. 交配与产卵

罗氏沼虾的交配发生在雌虾蜕皮之后。对此,雄虾靠近雌虾,用步足将其翻转,形成腹部相贴的姿态,然后雄虾横转与雌虾呈90度交叉,将身体弯曲,抱住雌虾进行交配。雄虾的精索排出,贴在雌虾第四、第五步足胸部,约几十分钟后,雌虾开始产卵并进行体外受精。产卵多在夜间进行。产卵时雌虾腹部紧紧地弯曲,卵粒从生殖孔中产出,与精索中的精子相遇受精,受精卵黏附在第一至第四对游泳足的基节刚毛上。雌虾摆动游泳足形成水流,使受精卵得到足够的氧气,并用步足剔除死卵和异物。罗氏沼虾抱卵雌虾详见彩色插页。

4. 孵化与幼体变态

罗氏沼虾刚产出的卵呈黄色,以后逐渐依次变为淡黄色、红色、淡灰色、深灰色。当水温为26℃时,胚胎发育到20~21天,蚤状幼体破膜而出。

罗氏沼虾的蚤状幼体(见彩色插页)需经过11次的蜕皮才能发育变态成为仔虾(见彩色插页)。在水温29~31℃、水质及营养条件良好的情况下,这个过程需要的时间为15~20天。蚤状幼体能自由游动,其游泳的姿态为尾部朝上,头部向下。仔虾与成虾的外形和运动方式基本一致,可做水平游泳。

三、罗氏沼虾苗种繁育技术

(一) 工厂化育苗设施条件

1. 场地选择

在我国,罗氏沼虾苗种繁育采用室内温室工厂化育苗方式。育苗场应选择在交通、电力、通讯等较完善的地方,场地附近无工农业及生活污水污染,特别要避免在化工、印染、电镀等企业附近建场。育苗用的外河水水质应符合渔业水质标准的要求,水中COD、氨氮、亚硝酸氮的含量不能太高,主要水质指标为:pH6.8~7.5,游离态氨氮≤0.1毫克/升,亚硝酸氮≤0.2毫克/升。

2. 育苗工厂设计

(1) 育苗规模。中等规模的罗氏沼虾苗种繁育场年产量为3亿~5亿尾,温室(图2-2)占地面积3000~5000平方米,配套亲虾培养及储水池塘面积30~50亩。

(2) 亲虾越冬温室。可以单独建造亲虾越冬温室,也可利用幼体培育池。池子用砖砌水泥抹面,水池净总面积1000~1500平方米,单池面积

15~25平方米,池深1米,长宽比为3∶1,坡度为0.5~1。温室墙体用砖头砌成,有条件的可加一层泡沫保温层。顶棚用玻璃钢,中间用尼龙薄膜隔层,或采用夹心彩钢板。

图2-2 罗氏沼虾育苗温室

(3) 幼体培育温室。幼体培育池(图2-3)占温室总面积最大,培育池净面积1500~2500平方米,呈长方形,单池面积10~20平方米,池深

图2-3 罗氏沼虾幼体培育池

0.8~1米,长宽比(3~4):1,坡度为1‰左右。池子表面光滑,不能有裂缝与漏水。幼体培育温室内需要配套人工海水的配置和预热池2~4个,单池体积20~50立方米,也可单独建造配水池。

(4)卤虫孵化房。净幼体培育面积与丰年虫孵化池体积按(30~50):1的比例配备,需要放置在温室内。孵化容器(图2-4)单个体积0.3~1立方米,可以用缸、锥形的工程塑料或水泥制成。

图2-4 卤虫孵化缸

(5)加温设施。中等规模的育苗场需要配备2~6吨容量的热水锅炉2~6座,并铺设亲虾越冬池、幼体培育池、卤虫孵化池、配水预热池的加热管道。加热管道采用PPR热管与不锈钢管结合比较合理。要求锅炉房与温室距离较近,以利于提温及节省能源。可安装太阳能热水系统,作为温室辅助加温用,以节约能源,保护环境。

(6)充气系统。建设通风较好的鼓风机房,内设3~5台旋涡轮式风机,每台功率为2.2千瓦;铺设PVC管道到亲虾越冬室温、幼体培育温室、卤虫孵化房及配水预热池;每个池放置充气的气泡石,幼体培育池每立方水体配置1个气泡石。

(7)进、排水系统。育苗用水要经过池塘处理后再配海水使用。配备水处理池塘面积20~30亩,每个池塘2~5亩,水深1.5~2米。可利用亲虾培育池空闲期,在清淤后使用。每个池塘安装水泵,管道与温室配水池相连接,配水池(预热池)输送海水或淡水到各温室的培养池。图2-5所示为育苗池加温、充气及进、排水设施。

图2-5 育苗池加温、充气及进、排水设施

(8)废海水净化系统。利用物理及微生物净化技术,对幼体培育使用后的废海水进行净化再利用。需配备过滤筛、蛋白分离器、生物过滤池、废水收集池及净化水收集池等设备。生物过滤设备、净化池与育苗水体体积按1:10的比例配套,每500立方米幼体培育池需配置容量为60立方米的生物过滤设备、净化池,其水容量为50吨。外壳使用耐海水腐蚀的无毒材料制成,内置陶粒或其他生物滤料,配置充气泵及循环水泵。

(9)电力设施。中等规模的育苗场需配备20~30千伏安容量的电力,配备应急发电机1~2台,功率为45~90千瓦,以备在停电时使用。育苗场主要使用的电力设备为鼓风机、水泵、照明设备等。

（二）亲虾越冬培育技术

1. 亲虾挑选

（1）挑选时间。浙江省在每年的10月中下旬，在水温下降到20℃左右时，进行亲虾挑选和进温室的工作，若温度过高，软壳虾多；温度过低，活力差，影响成活率。

（2）亲虾来源。亲虾可自行从良种场引进的虾苗中培育，或从本场的亲虾培育池塘中挑选合格种虾，或异地收购亲虾。要求养殖户一定要了解虾种来源，并且确认在育苗及养殖过程中无发病史。要求亲虾外表洁净、体格健壮、附肢完整、全身无病灶。亲虾规格为：雌虾为40~60尾/千克，已怀卵过或正怀卵；雄虾为30~50尾/千克，第二步足为橘黄色；亲虾的雌雄比为(3~4)：1。

2. 亲虾放养密度

按年生产1亿尾罗氏沼虾苗需要1万~1.2万只亲虾计算，中等规模的育苗场（年产苗3亿~5亿尾）需要亲虾3万~6万尾。放养密度控制在每平方米35~50尾，密度过高会影响越冬的成活率，雌、雄亲虾可分池培育。

3. 越冬池消毒

在亲虾进池前，整幢温室应用高锰酸钾（浓度为100毫克/升）或其他消毒剂高浓度喷洒及浸泡池子，然后清洗干净。水沟及周围环境也应消毒。若是新建的水泥池，需用水浸泡30天以上，也可加酸浸泡处理。

4. 水质管理

（1）溶氧要求。在整个培育过程中，要求水中溶氧充足，越冬池每2平方米放置气泡石1个，以连续不间断地充气。

（2）温度控制。培养期间水温应控制在20~22℃，温差不能过大，温度太低会影响亲虾的成活率；在亲虾刚进温室时，可适当提高水温1~2℃，以增加其摄食量，待其恢复体质后再降低到越冬温度。

（3）吸污换水。每天吸污1~2次，吸污要彻底。每隔7天左右换水1次，视情况换水量在1/3~2/3，换入水的温差应小于1℃。

(4) 水质调控。为控制浮游动物的生长繁育,越冬池可放养当年仔口花鲢鱼种,每平方米1~2尾,规格为40~60尾/千克;也可适量放养水葫芦、空心菜等水面植物,以吸收水中的营养物质;每隔15~30天可施用微生物水质改良剂1次,以保持良好的水质,同时可减少吸污和进、排水的次数。

(5) 设置荫蔽物。在越冬池挂网1~2片,网片离水面20~50厘米,面积占池子的50%左右,以供亲虾蜕壳、交配时栖息、荫蔽用。

5. 投饲管理

(1) 饵料种类。采用配合饲料与鲜活饵料结合的办法,越冬期间以配合饲料为主,辅以螺蛳肉、杂鱼块,在培养后期增加动物性饵料的比例。配合饲料中鱼粉含量应比商品虾养殖用的稍高,维生素种类及矿物质含量应合理,不含促生长剂。鲜活饵料一般用螺蛳肉或杂鱼,要求新鲜、不变质。

(2) 投喂次数及数量。每日投喂2次,分别在上午10时和下午14时,以下午为主。日投饲率:配合饲料为1%~1.5%,鲜活饵料为3%~5%。

(三) 罗氏沼虾育苗技术

1. 育苗前准备工作

(1) 外塘水的净化预处理如图2-6所示。在冬季气温较低时,外塘

图2-6 育苗用水处理

水打入池塘后,需在池塘中使用生石灰泼洒以澄清水质,每亩用量为100~200千克,经过30~60天的沉淀和净化,待碱性消失后再用于配制海水育苗。

(2)人工海水配方。每配制1吨海水需用以下原料:氯化钠10千克、硫酸镁3千克、氯化钙0.36千克、氯化钾0.18千克、硼酸0.12千克、溴化钾20克,并视水中重金属离子含量情况,另加EDTA钠盐3~5克,配制后海水盐度为11‰~12‰,pH为7.5~8.5。

配制好的海水经过砂过滤及生物过滤器循环处理净化后,再用于育苗效果更好。

(3)育苗池消毒。在育苗前1个月,育苗池用高锰酸钾(浓度为100毫克/升)浸泡,然后清洗干净。若是新建的水泥池,则与亲虾越冬池一样,需用水浸泡30天以上,也可加酸浸泡处理。

2. 亲虾强化培育

(1)亲虾交配与产卵。育苗前1个月(1月底至2月初),将亲虾培育池温度逐步提高到26~27℃,每日提高1℃,在这期间,亲虾交配产卵。在亲虾交配及产卵期间,要加强营养,饲料应以螺蛳肉或鱼块为主,并增加投喂量(投饲率为5%),同时增加吸污换水次数,注意水质的稳定及良好。

(2)抱卵亲虾挑选与管理。在升温1个月后,根据育苗生产安排,从2月中旬至3月初开始挑选怀卵雌虾。每隔10~15天挑选1次,按卵颜色(灰、红、黄)分级放入池子培育。放养密度为每平方米40~50尾,池水深0.8米,温度控制在28~29℃。灰色卵的虾则直接放入3‰的咸水中,在1~3日内即可孵出幼体;红色、黄色卵的虾需经过5~10天的培养,当卵的颜色转变成灰色时,在3天内孵出幼体。

3. 捞幼体及布苗

(1)捞幼体。在抱卵虾孵出幼体的次日上午,用80目规格纱绢网布制作的幼体捞网在虾池中来回拉捕,然后用白瓷盆将幼体带水舀出,放入幼体培育池中经过2~3次的拉捕,即可基本将池中前1天孵出的幼体捕光。

(2) 布苗。

① 控制育苗容量。一般每1000平方米净幼体池培育面积,育苗幼体量控制在8000万尾以内。注意丰年虫孵化及换水能力是否能跟上,否则将导致育苗失败。

② 控制幼体放养密度,如图2-7所示。第一期幼体放养密度控制在每平方米20万~30万尾为宜,在放养时应尽量做到计量正确,且保证在同一个池内的均为1~2天内孵出的幼体。在幼体培养到第6天时结合翻池,降低放养密度到每平方米8万~10万尾。计划淡化苗产量为每平方米6万~8万尾。

图2-7 幼体密度控制

4. 育苗水质管理

(1) 温度控制。幼体至仔虾淡化出池,整个培育期22~25天。幼体刚进池时,水温应控制在29℃,与孵化池一致,以后每天升温0.5℃,逐步达到最高温度30~31℃。幼体变态成仔虾后,水温随淡化逐渐降低到25~28℃,与仔虾培养池温度相近。绝不可以采用提高温度的手段来达到缩短培育时间和增加产量的目的,因为这样会降低虾苗的质量。

(2) 吸污换水(图 2-8)。育苗池每天吸污 1~2 次,其中培育前期每天 1 次,中后期上、下午各 1 次。吸污要彻底,最好在投喂蛋制品后 2 小时内和投喂卤虫无节幼体之前吸污,以减少卤虫无节幼体的损失,并尽量降低残饵对水质的影响。吸污后可适量加水。

(3) 翻池换水。在育苗期内,正常情况下一般翻池换水 2~3 次,第一次在培育至第 6 天时结合分池进行,以后每隔 5 天翻池换水 1 次;15 天左右仔虾出现后,水质调控以换水和吸污为主;在出现水质恶化或死苗时,则应紧急翻池。

图 2-8 育苗池吸污管理

(4) 充气量控制。在育苗的前期充气量应小些,呈微波状。随着罗氏沼虾蚤状幼体的发育生长,活动能力增强,应逐步加大充气量。培育后期水体应略呈沸腾状,气石在池内应分布均匀。

(5) 水质监控。每天对育苗池水体的主要水质指标进行监测,主要指标控制范围为:温度为 30~31℃,pH 为 7~8.5,盐度为 11‰~12‰,游离态氨氮(NH_3-N)≤0.3 毫克/升,亚硝酸氮(NO_2-N)≤0.5 毫克/升。

5. 投饵管理

(1) 丰年虫孵化。选购高质量卤虫休眠卵,以美国大盐湖及渤海湾盐田卵营养最好,每克干的休眠卵为 18 万~20 万粒。孵化桶单只体积为 0.3~1 立方米,孵化时间为 24~30 小时,孵化温度为 28~30℃,pH 为 8~9,盐度为 20‰~25‰(按产地盐度),放卵密度为 2~5 克/升,并需要一定的光照(1000~1500 勒克斯)及连续充气。

低温保存的卵需在常温下放置几天后再使用。使用前需用200毫克/升浓度的甲醛溶液浸泡30分钟,清洗后放入孵化池。休眠卵经过24～30小时的孵化,绝大部分幼体已孵出,此时应首先停止充气,在缸口用黑布遮光10～15分钟,使卵壳浮于水面,卤虫无节幼体留在中层,然后用塑料管虹吸出中层水体,经过网滤获得无节幼体。

(2)蛋制品制作。去除部分蛋白,加鱼肉糜及奶粉混合成浆,隔水蒸30分钟,然后用24目规格的网筛子制成小颗粒,用清水洗净后备用。

(3)饵料投喂方法。在布苗两天后的早上,即可投喂丰年虫无节幼体,密度达到10个/毫升。以后逐步加大投喂量,在池中保持一定的密度,不能出现卤虫断档,卤虫投喂次数为4～6次/天。幼体培育至9天时,即蚤状幼体发育至第五期以后,增加投喂蛋制品,投喂次数为4～6次/天,每次间隔3～5小时,投喂时停气10分钟,投喂量以幼体大部分能摄食,稍有剩余为度,蛋制品可与卤虫幼体间隔投喂。

6. 光照控制

罗氏沼虾蚤状幼体具有一定的趋光性,一定的光照对其摄食和生长有利,故育苗温室光照宜控制在1000～3000勒克斯,避免光线过于强烈。

7. 仔虾的淡化

当罗氏沼虾蚤状幼体培育至18～20天,有90%以上的幼体变态成仔虾(虾苗)时,就可逐步淡化水体。可先将池水降低,然后逐步注入淡水。淡化分3天进行,每日降低盐度3‰～5‰。待3天后盐度降到3‰以下,温度降到与养殖池塘或暂养池相近时,即可出池销售或进入仔虾暂养阶段。

8. 虾苗出池与运输

(1)出苗方法。淡化后虾苗体长0.7～0.9厘米(图2-9)。出苗(图2-10)采用拉网法,用规格为40目的拉网贴住苗池两壁,深及池底,徐徐将网从池一端拉向另一端,起网后用手泼水,使虾苗集中在网中央,然后用水盆将虾苗带水盛入,放入温度相同的淡水池网箱中。水池内放置气石充气。

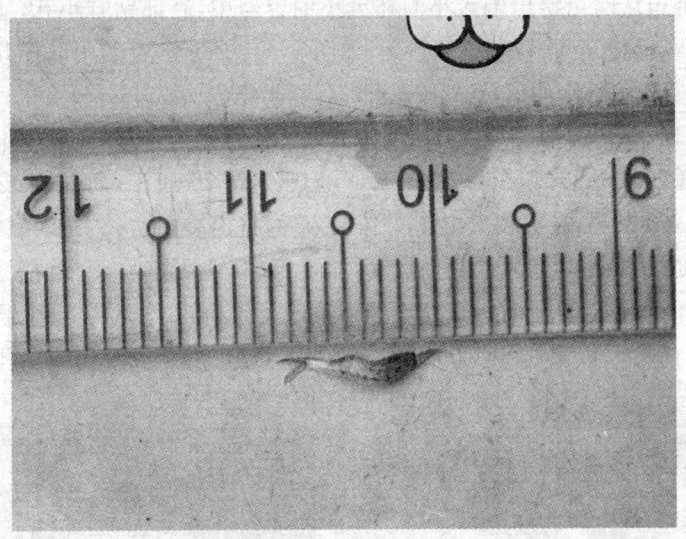

图 2-9 淡化后的仔虾

图 2-10 仔虾淡化后出苗

(2) 虾苗计数。通常采用干容量法计数。操作时将网箱提起,用小抄网将虾苗从网箱捞出倒入小酒杯大小的容器中(底部钻有小孔,使水流出),然后倒入尼龙袋中充氧待运,如图2-11所示。在其中取样几杯计数,计算出每杯平均值,然后按总杯数计算出虾苗总数。

(3) 虾苗运输。常用方法为尼龙袋充氧运输法,该法适用于中长距离运输。尼龙袋规格为70厘米×30厘米×30厘米,每袋可装虾苗3000～5000尾,袋内装水1/4,虾苗装入后,挤出袋内空气,充入氧气,用橡皮筋扎紧袋口,装入纸箱内运输,如图2-12所示。在正常情况下,运输时间可长达20小时。在初春气温低时运输,需用保温运输车辆及泡沫箱;在夏天高温运输时,可在泡沫箱内加冰降温,并应避免阳光直晒。

图2-11 虾苗装袋充氧

图2-12 虾苗装箱运输

四、罗氏沼虾成虾养殖技术

(一) 池塘罗氏沼虾单季养殖模式

池塘单季养殖模式每亩产量达到200～300千克,养殖时间在5～11月,适合浙江省及全国大部分地区推广应用。

1. 养殖条件

(1) 池塘条件。池塘以5～20亩为宜,水深为1.2～1.5米。池塘以东西向的长方形为好,底部应平坦,少淤泥,底质以沙壤土为好,塘埂坡度为1:(2～3)。塘埂应坚实不漏水,进、出水口应安装滤网等防逃、防野杂鱼进入设施,如图2-13所示。

图 2-13 罗氏沼虾养殖塘

（2）水源条件。养虾池塘用水可来自于湖泊、江河等，要求水源充足，水质清新，排灌方便，水质符合我国农业部 NY 5051《无公害食品 淡水养殖用水水质标准》要求，水源附近应无严重的工农业与生活污染。

（3）设施条件。养殖池塘应配备水泵、增氧机（图 2-14）等设备，2~5 亩的池塘配备 1.5~3 千瓦的增氧机 1 台，5~10 亩的池塘配备 3 千瓦的增氧机 1~2 台；也可配备微孔管底增氧设施，具体要求基本与青虾池塘养殖相同。

图 2-14 增氧设备

2. 池塘的清整消毒与水质培养

(1) 清整消毒。在冬季或早春将池水排干,经过一段时期的冰冻、日晒,然后将池底整平,挖出池底过多的淤泥,修好塘埂。在虾苗放养前1个月对池塘进行清塘消毒(图2-15),池塘留水5~10厘米,每亩用生石灰100~200千克,在容器内放水溶化,或在池塘内挖坑溶化石灰,然后均匀泼洒到池塘内。

图2-15 石灰化浆清塘

(2) 水质培养。清塘消毒后,在虾苗放养前要进行水质培养。凡进水必须经过60目网眼规格的绢网袋过滤,池塘水深保持0.8~1米。在放养虾苗前一星期,每亩施用已发酵的有机肥50~100千克或复合肥1~3千克培养浮游生物,为虾苗提供天然饵料。

3. 种植水生植物

在池塘中种植水生植物供虾栖息及隐蔽,可减少其相互残杀,提高成活率。比较好的方法是种植空心菜(图2-16),即在池塘四周的半坡上种植空心菜。4月中下旬先在空地播种培苗,5月初移栽菜苗到塘坡,种植间距为30~50厘米,待池塘水位逐渐升高,空心菜便会生长延伸到池塘内水面2~5米。一般控制空心菜面积占池塘总面积的10%～20%，如覆盖面积过大，应及时割除，以免败坏水质。空心菜可作为草食性鱼类良好的青饲料。

图 2-16　池塘水面种植空心菜

4. **苗种放养**

（1）放养时间。经过清塘及水质培养，于 5 月中下旬池塘水温稳定在 22℃ 以上时，即可直接放养淡化苗，或放养已经中间培育的幼虾。在放养前应先试水，确认强碱性消失后再放苗种。

（2）放养密度。同一池塘虾苗放养应一次放足，虾苗规格应一致，以利于提高成活率及商品规格。放养虾苗的数量应根据池塘条件、管理水平等情况综合考虑，一般每亩放养淡化苗 4 万～6 万尾、规格 0.7 厘米以上，或中间培养苗 2 万～4 万尾、规格 2 厘米以上。在放养时应注意温差，如用尼龙袋充氧运输的，应先在水中浸泡 15 分钟，待温差降至 2℃ 以内时再放入池塘。

（3）搭养鲢鱼、鳙鱼。池塘可适量搭养鲢鱼、鳙鱼种，每亩放养一龄鲢鱼种 50～100 尾、一龄鳙鱼种 20～50 尾，鱼种规格为每尾 15～25 克。

5. 投饲管理

(1) 饲料种类。以投喂全价配合颗粒饲料为主,也可适当搭配螺蚬、杂鱼等鲜活动物性饲料。配合颗粒饲料(图 2-17)要求长短和大小均匀一致、粉末少、气味纯正、无异味,水中稳定性在 4 小时以上,粗蛋白含量在 35%以上。在良好的管理条件下,饲料系数一般为 1.2～1.5。

图 2-17 罗氏沼虾配合颗粒饲料

(2) 投饲方法。虾苗下塘后,如为直接放养的淡化苗,则在 20 天内投喂粒径为 0.5 毫米的饲料破碎料,20 天后投喂粒径为 1～2 毫米的颗粒饲料;如放养的是中间培育苗,一开始就投喂颗粒饲料。虾体重在 1 克以内的,日投饲量为虾总重的 10%～20%;虾体重为 1～5 克的,则日投饲量为虾总重的 5%～10%;虾体重为 5～10 克的,则日投饲量为虾总重的 3%～5%;虾体重在 10 克以上的,则日投饲量为虾总重的 2%～3%。日投饲为早、晚各一次,上午 8 时左右投全日总量的 30%,下午 17 时左右投总量的 70%。投喂时应沿着池塘四周均匀撒放在离岸几米的区域,确保整个池塘的虾都能摄食。投饲量应根据虾规格、天气、水温、水质及病害状况进行调整,以虾当天全部摄食完不剩为好。

6. 水质管理

(1) 水质要求。在饲养的前期应稍肥,后期应适当偏淡。以水色为黄绿色,透明度控制在 30~40 厘米,pH7~8.5,溶解氧不低于 3 毫克/升为宜。苗种放养时池塘水深宜为 0.7~0.8 米,以后每隔一星期提高 10 厘米,在 6 月中下旬达到 1.2~1.5 米。

(2) 防缺氧措施。罗氏沼虾耐低氧能力较差,在水质变差或气候异常时,易引起缺氧而浮头死亡。应在高温季节的晴天中午开增氧机 2~3 小时,以减少水层温差,改善水质及减轻缺氧程度。每隔 10~20 天应使用微生物制剂改善水质,降低水中氨氮、亚硝酸氮、硫化氢等有毒物质的含量。

7. 成虾的捕捞出售

(1) 捕捞时间。虾苗放养后,经过 3 个多月的饲养管理,规格达到 10 克以上就可捕捞上市。如放养 4 月早苗的,在 8 月初开始出售;如在 5 月直接放养淡化苗的,则在 9 月初开始上市。捕捞中可捕大留小,使虾密度减小,以利于虾的生长。浙江省一般在 10 月下旬前有冷空气来临,水温逐步下降到 15℃ 以下时捕捞,江浙地区在 11 月底以前应将虾全部捕捞上市。

(2) 捕捞方法。一般用拉网捞捕法(图 2-18)。拉网网目为 3 厘米,

图 2-18 罗氏沼虾拉网捕捞

拉网时从池塘的一端拉向另一端,动作应缓慢,使小规格虾从网眼中游出。起网后应将虾放入大的长网箱中,内置气泡石充气,并开动箱外的增氧机或水泵,冲净虾身上的淤泥及污物,挑拣除软壳虾及小规格虾后,过秤、上车。同一池塘,每隔一星期到半个月,可起捕一次。经过多次拉网起捕后,池塘内所剩虾已不多,此时可排水起捕:先抽干池水,将池底的虾全部捞出,放入网箱中养醒后出售。

(3) 商品虾运输。小批量短距离运输可采用干法运输,即容器内覆盖水花生、轮叶黑藻等水草,保持虾的湿润状态。大批量的汽车长途运输宜采用充气水箱或专门制作的集虾箱运输(图 2-19),运输水箱、集虾箱的制造及操作方法基本同青虾的相同。

图 2-19 罗氏沼虾充气运输

(二) 池塘罗氏沼虾二茬养殖模式

该养殖模式加温中间培育虾苗,提早放养,第一季养殖时间在 3～8 月,每亩产量 150～200 千克;第二季养殖时间在 7～11 月,每亩产量 100～200 千克,适合在江浙地区推广应用。

1. 虾苗的中间培养

(1) 室内水泥池培育。该方法利用罗氏沼虾育苗池进行高密度的虾苗培育,培育池具加温、增氧及进、排水设施,单个面积为 10～50 平方米,池深 0.8～1.2 米,池内放置一些网片供虾栖息。放苗时间在 3 月下旬至 5 月上旬,培育时间为 15～45 天,密度为每平方米 0.5 万～1 万尾。经过 20～30 天的培养,虾苗规格可达到体长 2～3 厘米,成活率达 70%以上。虾苗放养后3天内,投喂用蛋与鱼糜蒸熟制成的细湿饲料,每日投喂2~3次,每日每万尾投喂5~10克;3天后投喂配合饲料破碎料,每日每万尾投喂10~50克,然后逐渐增加投饲料量,并根据吃食情况调整。培养池水深宜为0.8~1.2米,水温控制在22~28℃,不间断充气,以保持池水清新;每日池底吸污1次,清除网片污物;定期换水,如水质恶化则随时换水。到5月中下旬池塘水温稳定在22℃以上时,幼虾就可出池放养。在出前,温室应昼夜通风透气,调节水温与池塘水温基本一致。出苗时先将池水放掉一半,然后用抄网反复多次抄捕,将幼虾放入充气的网箱中,并及时放养入池塘。

(2)土池配备锅炉保温培育如图2-20所示。在罗氏沼虾养成池的一角,开挖80~200平方米的土池,蓄水0.8~1米深,保证池埂不漏水,池底无淤泥,在土池上搭建保温薄膜大棚,配备充气设备,设置进、排水口,池内吊挂一些网片。放苗时间在3月中旬至5月上旬,如在3月放养,需要用土锅炉加温;如在4月中后期放养,则一般不需要加温。培养时间为20~45天,放苗密度为每平方米0.3万~0.5万尾,培育后幼虾规格可达到体长2~4厘米,成活率70%~90%。投饲要仔细,需防止投喂过多而污染水质。培养池水深宜为0.8米,水温应不低于20℃。换水应在晴天中午

图2-20 保温大棚池暂养

进行,以保持水质良好。在阴雨天要注意保温,晴天高温时要注意通气降温。5月中下旬池塘水温稳定后,拆除保温大棚1~2天,待培养池水温与池塘水温一致后,用抄网捕出幼虾放养,或直接掘开池埂,使虾游入池塘中。

2. 第一茬养殖管理

第一茬池塘养殖的池塘条件、清整消毒、苗种放养、投饵管理、水质管理等基本与罗氏沼虾的单季养殖模式相同。此茬沼虾从7月上旬开始捕捞上市,使用小拉网起捕,捕大留小。到8月下旬,全部捕光池塘沼虾。在操作过程中应仔细、轻快,并注意池塘增氧。

3. 第二茬养殖管理

第二茬养殖的淡化虾苗在7月上旬进苗,虾苗在小土池或水泥池中暂养,不需要保温。经过20~30天的培养,在8月中旬前放入池塘养殖,放养量为每亩2万~3万尾。第二茬池塘养殖的池塘条件、清整消毒、投饵管理、水质管理等也基本与罗氏沼虾的单季养殖模式相同。

(三) 池塘罗氏沼虾与青虾轮养模式

该模式池塘第一茬养殖罗氏沼虾,第二茬养殖青虾,充分利用池塘空闲期,提高养殖经济效益。罗氏沼虾养殖时间在4~9月,每亩产量200~250千克;青虾养殖时间在9月至次年2月,每亩产量25~40千克。适合在江浙地区推广应用。

1. 罗氏沼虾养殖管理

第一茬池塘养殖罗氏沼虾的池塘条件、清整消毒、苗种放养、投饵管理、水质管理等基本与罗氏沼虾的单季养殖模式相同。

2. 青虾养殖管理

(1) 青虾苗放养。8月底至9月上旬,在罗氏沼虾起捕后,进水1米,进水需经60目的网眼规格制成的网袋过滤。每亩放养青虾苗种2万~3万尾,虾苗规格在3厘米以上,或在6月池塘中套养抱卵青虾,每亩放量1~2千克。

(2) 养殖管理。投喂青虾专用颗粒饲料,粒径为2毫米,粗蛋白质含量在32%以上,投饲量从每亩0.25千克开始,逐渐增加投饲量,最高达1千克。到10月中旬后,水温降低,投饲量逐步减少;每天投喂2次,上午8时投1/3量,下午17时投2/3量。加强水质管理,水透明度保持30~40厘米。在池塘两侧放养水花生,面积占池塘水面积的20%,供虾栖息。深秋后,水应保持一定的肥度,以减少黑壳虾的产生及丝状藻类的大发生。饲养到春节前后,大部分虾可达到商品虾规格,用地笼定置网、抄网捕捞上市。

(四) 池塘罗氏沼虾与南美白对虾轮养模式

池塘第一茬养殖罗氏沼虾,第二茬养殖南美白对虾。第一茬罗氏沼虾养殖时间在4~8月,每亩产量150~200千克;第二茬南美白对虾养殖时间在7月底至11月上旬,每亩产量150~250千克。适合在江浙地区推广应用。

1. 罗氏沼虾养殖管理

第一茬池塘养殖罗氏沼虾的池塘条件、清整消毒、苗种放养、投饲管理、水质管理等基本与罗氏沼虾的单季养殖模式相同。

2. 南美白对虾养殖管理

(1) 南美白对虾暂养。准备面积100~300平方米、水深为1~1.5米的南美白对虾虾苗培育土池,培养时间为15~30天,放苗密度为每平方米0.5万~1万尾,水体配制的盐度为3‰~5‰,在培育后期逐渐加注淡水,培育的幼虾规格可达到体长2~3厘米,成活率达80%,然后放入池塘中养殖。

(2) 养殖管理。南美白对虾养殖的池塘条件与罗氏沼虾养殖池塘基本相同,投饲、水质管理方法也相似。每亩放养幼虾种2万~4万尾,池塘可搭养仔口或当年夏花鲢、鳙鱼种,每亩放量为30~50尾,以充分利用池塘水体中的天然饵料。在整个饲养过程中全部投喂颗粒饲料,颗粒饲料粗蛋白含量为38%~45%,饲料系数在1.2以下。饲养到10月上旬开始出售,到11月上旬应全部捕捞上市,否则寒潮来临将造成死亡。南美白对虾养殖对水质要求高,在养殖过程中应使用枯草芽孢杆菌、光合细菌、乳酸菌等微生物水质改良剂,每10~15天使用一次;使用聚维酮碘等碘制剂全池泼洒消毒,每15天使用一次,与微生物制剂使用相隔5天以上。

五、罗氏沼虾病害防治

(一)亲虾培育阶段病害预防

1. 病害预防

水体定期(10~15天)用碘制剂或其他消毒剂消毒,预防细菌性疫病;间隔使用5~10毫克/升甲醛溶液(20~25毫克/升福尔马林),预防水霉病和纤毛虫病。

2. 疾病治疗

发生虾体黑点、黑鳃、烂尾等细菌病时,可在饲料中添加恩诺沙星(2~3克/千克饲料),连喂7天,并结合水体消毒。若发生水霉病和纤毛虫病,则加大甲醛(福尔马林50毫克/升)溶液的使用浓度。

(二)育苗阶段的病害防治

1. 虾苗肌肉白浊病

该病又称为白体病、白尾病,是二类动物疫病病种。湖州市从2001年开始大范围发生该病,损失严重,近几年已基本控制。该病症状表现在仔虾期,从幼体变态成仔虾3天后开始出现症状,表现为仔虾身体呈现白点、白斑,严重时全身肌肉发白而混浊,最后发生死亡,详见彩色插页。在密度很高的培育池内,病虾被摄食或因紧密接触而相互感染,培育时间越长,感染率越高,出现症状率从最初的万分之几到培育10天后的40%以上,导致很高的死亡率。已发生白浊病的虾苗被放入池塘后,由于密度大幅降低和环境条件改善,一般认为不会引起严重的相互传染。已严重发病的虾苗会死亡,而症状较轻的虾苗会逐渐恢复,规格达到5厘米以上的虾一般无症状出现。

至今的研究结果表明,罗氏沼虾肌肉白浊病病原为诺达病毒(Noda

virus RNA),目前已建立 TAS－ELASA 和 PCR 病毒诊断技术。

主要防治措施：一是留种虾苗要经过病毒检测，检测结果为阴性的才可放养池塘，培养作为种虾；二是对引进留种的虾苗，在结合病毒检测的同时，对虾苗进行 15～30 天的隔离暂养，如检测呈阴性同时未发现白浊病的症状，则可留作培养种虾；三是育苗场一旦发生白浊病，应立即停止生产，对虾苗、种虾、育苗池及工具等进行严格的销毁及消毒处理，虾苗不能留作培养种虾。

2. 幼体弧菌病

弧菌普遍存在于咸水中，幼体在培育过程中易患弧菌病，特别是在幼体第四至第五期比较严重，又称中期幼体病。患病的幼体活动能力减弱，多在池底层缓慢游动，趋光性变弱，摄食少，生长慢，变态延期或不能变态，死亡率增加，吸污时可见死幼体被吸出。

主要防治措施：以预防为主，一是对育苗用水源在池塘中用石灰进行预处理，同时水中的氨氮及亚硝酸氮含量要低；二是在育苗过程中用盐酸土霉素（浓度为 1～2 毫克/升）或其他抗生素泼洒预防。如发病已比较严重，应弃池消毒。

（三）成虾养殖阶段的病害防治

1. 甲壳黑斑病

甲壳黑斑病为细菌性疾病，由能分解甲壳质的细菌引起，发病初期可见虾体甲壳上有小黑点，严重时呈现黑斑，可引起虾类大批死亡。

预防措施：养殖前对池塘进行清淤和生石灰消毒，养殖期间定期用生石灰浆泼洒调节水质，或使用微生物水质改良剂。

防治方法：选用浓度为 0.2～0.3 毫克/升的二氧化氯对水体进行消毒，或用聚维酮碘等碘制剂，连续施用 2～3 天；在对水体进行消毒的同时，在饲料中拌入药物投喂，如内服恩诺沙星 2 克/千克饲料，也可用大蒜素或氟苯尼考，连续投喂 4～5 天。

2. 黑鳃病

黑鳃病病原为细菌，发病的虾鳃部变为黑色，逐渐失去呼吸功能，主要是由水质恶化引起的。

该病的预防措施与防治方法基本与甲壳黑斑病相同。

3. 纤毛虫病

纤毛虫病病原为聚缩虫、累枝虫、钟形虫等,它们寄生于虾的甲壳上,使虾的体表出现许多柔毛状物,手摸有滑腻感,病虾行动缓慢,呼吸困难,蜕壳困难,对低氧敏感。

预防措施:保持池塘水质良好以及适当的肥度。

防治方法:一是池塘大量换水,促使其蜕壳;二是药物治疗,可使用甲醛全池泼洒,浓度为25毫克/升;或用硫酸锌全池泼洒,浓度按使用说明进行操作;或用硫酸铜全池泼洒,浓度为0.5毫克/升。注意水质变化,及时增氧及换水。

六、罗氏沼虾的产品质量要求

(一)感官要求

按照NY5158—2005《无公害食品 淡水虾》规定,活虾应具有本身正常的体色和光泽,体态匀称,体型正常,活动敏捷,无病态。

鲜虾要求虾体完整,联结膜不应多于一处破裂,外观鲜亮,甲壳具光泽,虾头不得有黑斑或黑圈;气味正常,无异味;肉质紧密有弹性;水煮后,具有虾固有的鲜味,口感肌肉组织紧密有弹性。

(二)安全指标

按照NY5158—2005《无公害食品 淡水虾》规定:汞(以Hg计)≤0.5毫克/千克,砷(以As计)≤0.5毫克/千克,铅(以Pb计)≤0.5毫克/千克,土霉素≤100微克/千克,其他农药、兽药按国家有关规定执行。

七、罗氏沼虾养殖模式实例

(一)罗氏沼虾单季养殖

湖州市南浔区和孚镇养殖户陈建强,2009年拥有罗氏沼虾养殖池塘2个,合计面积10亩,池塘水深1.5米,配备3千瓦功率的叶轮式增氧机各1台。5月25日直接放养淡化苗33万尾,每亩放养3.3万尾,规格为体长0.8厘米,另每亩套养仔口鲢、鳙鱼种20尾。饲养至10月23日全部拉网起捕,共收获沼虾产量2550千克,每亩产量255千克,平均规格为80尾/千克,销售价格平均为24元/千克,产值6.12万元,消耗配合颗粒饲料3吨,饲料系数为1.1,生产总成本合计为2.68万元,总利润3.44万元,每亩利润3440元。

主要技术措施:一是在虾苗放养前1~2个月,每亩用生石灰100千克化浆泼洒消毒,杀灭野杂鱼类及致病菌,在养殖过程中未发生病害;二是放养的虾苗规格整齐,健康无病灶,就近购买放养;三是投喂高质量的专用颗粒配合饲料,粗蛋白含量在32%以上,含有一定的动物蛋白,饲料中不掺促生长药物;四是管理好水质,晴天中午开增氧机2~4小时,增加水中的溶氧量,降低氨氮、亚硝酸氮等有毒物质含量,使沼虾正常生长。

(二) 罗氏沼虾与青虾轮养

湖州市南浔区和孚镇养殖户陈建强,2009年拥有罗氏沼虾与青虾轮混养池塘2个,面积9.5亩。4月22日进淡化虾苗60万尾,在面积为100平方米的大棚保温土池中暂养,水深1米,暂养时间23天,出幼虾48万尾,规格2.5厘米,成活率达80%,其中放养池塘38万尾,剩余出售。幼虾饲养到7月中旬开始出售,捕大留小。到10月初,共起捕沼虾2650千克,每亩产量278.9千克,规格10克/尾以上,平均销售价格26元/千克,产值6.89万元。

池塘6月放养抱卵青虾1.5千克/亩,在池塘中繁育出虾苗,待10月罗氏沼虾捕完后,青虾继续留塘饲养,投喂青虾配合饲料。到春节时出售,起捕产量285千克,每亩产量30千克,销售价格50元/千克,产值1.425万元。

全年养殖二茬合计产值8.315万元,各项成本支出3.5万元,利润4.815万元,每亩利润5068.4元。

第三部分
克氏原螯虾苗种繁育及养殖技术

一、品种介绍及养殖情况

（一）品种介绍

克氏原螯虾 *Procambarus clarkii*（Girard），俗称淡水龙虾、小龙虾、小红虾、螯虾、喇蛄等，隶属于十足目、爬行亚目、螯虾科、原螯虾属（见彩色插页），原产于北美洲的墨西哥北部及美国南部，1918年被引入日本，1929年经日本流入中国。其由于食性杂、繁殖力强、适应范围广、抗病力强等特点，很快遍布于长江中下游及华南、华北等地区，成为适应我国自然水体的一个种群。最近10多年，克氏原螯虾种群发展特别快，在有的湖泊和地区已成为优势种群，已成为我国淡水虾类中的一种重要资源。它适应性强，具有较广的适宜生长温度，在水温为10～30℃时均可正常生长发育；亦能耐高温严寒，可耐受40℃以上的高温，也可在气温为-14℃以下的情况下安然越冬。克氏原螯虾生长迅速，在适宜的温度和充足的饵料供应的情况下，经2个多月的养殖，即可达到性成熟，并达到商品虾规格。一般雄虾生长快于雌虾，商品虾规格也较雌虾大。同许多甲壳类动物一样，克氏原螯虾的生长也伴随着蜕壳。蜕壳时，一般寻找隐蔽物，如在水草丛中或植物叶片下，蜕壳后最大体重增加量可达95％。一般蜕壳11次即可达到性成熟，性成熟个体可以继续蜕皮生长。通常情况下，其寿命不长，约为1年。但在食物缺乏、温度较低和比较干旱的情况下，寿命最多可达2～3年。

该虾肉味鲜美，风味独特，蛋白质含量高，脂肪含量低，虾黄具有蟹黄味，钙、磷、铁质含量尤其丰富，是营养价值较高的动物性食品，深受国内外消费者的喜爱。同时,克氏原螯虾的壳可提取虾青素、几丁质等,在食品、医药、造纸、印染、日化等领域也有广泛应用。

(二) 市场情况

目前,克氏原螯虾已成为我国市场上畅销的淡水虾类,其消费量呈现火爆状况。每年 5~10 月,南京每天要消费克氏原螯虾 6~10 吨,全年消费 1.2 万吨以上,而杭州、上海的消费更趋旺盛。同样,克氏原螯虾在国际市场也十分受欢迎,欧美市场每年对其的需求量为 12 万~16 万吨,其中自给不足 1/3,其余靠进口。我国近两年克氏原螯虾出口量只有 3 万~4 万吨,远远不能满足国际市场的需求。

近几年来,随着国内外消费量的急剧增加,加之商品虾大部分依赖于自然捕捞,一些虾农和加工企业受利益驱动,不顾资源承受能力,在 3~4 月的淡水龙虾繁殖、生长期和 8~9 月的留种虾期间狂捕滥捉,导致克氏原螯虾的天然资源量锐减,呈现供不应求的趋势,致使价格节节攀升,由起初的 3~5 元/千克上涨到目前的 20~30 元/千克。开展克氏原螯虾全人工养殖对满足日益增长的国内外需求,以及保护与开发资源,均有十分重要的意义,人工养殖已成为必然趋势。

(三) 养殖情况

克氏原螯虾目前在全国范围内已经开展规模化养殖,主要有池塘专养、混养、稻田轮作和兼作养殖等模式,其中又以江苏、湖北、安徽等省养殖规模较大。湖北稻田轮作和兼作养殖模式在 30 万亩以上,加工出口已经超过江苏省,已成为全国出口最多的省份。浙江省是我国克氏原螯虾重要的养殖地及消费区,近年来浙江省居民对克氏原螯虾消费需求快速增长,价格也呈明显的上升趋势,随之带动了养殖业的快速发展。2009 年,浙江省全省养殖面积达 12 万亩,产量 3 万吨左右,产值约 4.5 亿元,养殖面积较上年增长 42%,且仍呈增长态势。目前,浙江省主要养殖模式有池塘专养(图 3-1)、稻田养殖、虾蟹混养及外荡沟渠养殖等,现有规模克氏原螯虾加工出口企业 10 余家。湖州市的规模化养殖主要在安吉县,该县目前池塘养殖面积超过 8000 亩,每亩平均产量 250 千克,最高亩产量达到 450 千克,每亩平均产值达到 5000 元,每亩平均利润在 3000 元以上。克氏原螯虾已经成为淡水地区主要的经济虾类,发展前景广阔。

图 3-1 克氏原螯虾养殖池塘

二、克氏原螯虾的生物学特性

(一) 生活习性

克氏原螯虾为夜间活动性动物,营底栖爬行生活。它们多栖息在湖泊、河流、水库、沼泽、池塘及沟渠中,由于稻田经常有农药残留,故一般情况下较少栖息。其栖息地多为土质,以食物较为丰富的静水沟渠、池塘和浅型湖泊中较多,多以水草、树根或石块为隐蔽物。它们白天常潜伏在水体底部光线较暗的角落、石块旁、草丛或洞穴中,夜晚出来摄食。在自然情况下,因缺饵和水透明度较低,白天也见觅食。该虾有较强的攀援能力和掘洞能力,在水体缺氧、缺饵、污染及其他生物、理化因子发生剧变而不适的情况下,常常爬出水面进入另一水体。如下雨,特别在下大雨时,该虾常爬出水体外活动。在无石块、杂草及洞穴可躲藏的水体,该虾常在堤岸处掘洞,洞穴的深浅、走向与水体水位的波动、堤岸的土质及克氏原螯虾的生活周期有关:在水位升降幅度较大的水体和螯虾的繁殖期,洞较深;在水位稳定的水体和越冬期,洞较浅;在生长期基本不掘洞,洞最深的可达100厘米,直径可达9.2厘米。它也可以利用人工洞穴和水体原有洞穴或其他隐蔽物。其掘洞行为多出现在繁殖期和越冬期。为保护堤岸,我们可以为其造一些人工洞穴。

克氏原螯虾对水体的富营养化及低氧有较强的适应性,一般水体溶解氧保持在3毫克/升以上即可满足其生长所需。当水体溶氧不足时,该虾常攀援到水体表层呼吸或借助水体中杂草、树枝、石块等物,将身体偏转使一侧鳃腔处于水体表面呼吸,甚至爬上陆地借助空气中的氧气呼吸。该虾离开水体能成活1周以上。水中溶氧在1.0~3.0毫克/升时,其活动基本正常;1毫克/升以下时活动减弱;低于0.5毫克/升时,如果没有攀爬物,会造成大量死亡。其耐受的水体pH为6.5~9,最适pH为7.5~8.5。它不仅耐低氧,而且能耐较高的氨氮含量,一般氨氮含量在2.0~5.0毫克/升范围内对其生长无明显影响,若氨氮含量过高,则会使其生长受到抑制,也会引起死亡。克氏原螯虾对温度的适应性较强,0~37℃环境下都能正常生存,甚至被冰封冻也能生存,其最适温度为18~31℃。

(二) 分布

克氏原螯虾的分布是跨热带、亚热带和温带地区,包括了世界上五大洲20多个国家和地区,在我国现分布在新疆、甘肃、宁夏、内蒙古、山西、陕西、河南、河北、天津、北京、辽宁、山东、江苏、上海、安徽、浙江、江西、湖南、湖北、重庆、四川、贵州、云南、广东、广西、福建及台湾等20多个省(市、自治区),形成了可供利用的天然种群,特别是在长江中下游地区,生物种群量较大,是我国克氏原螯虾的主产区。

(三) 形态特征

克氏原螯虾与其他螯虾一样,整个身体由头胸和腹部共 20 节组成。除尾节无附肢外,共有附肢 19 对。体表具有坚硬的甲壳。头部分为 5 节,胸部分为 8 节,头以及胸部愈合成一个整体,称为头胸部。头胸部呈圆筒形,前端有一额角,呈三角形。额角表面中部内陷,两侧隆脊,尖端呈锐刺状。头胸甲中部有一弧形颈沟,两侧具粗糙颗粒。腹部共有 7 节,其后端有一扁平的尾节,与第六腹节的附肢共同组成尾扇。胸足 5 对,第一对呈螯状,粗大;第二、第三对呈钳状;后两对呈爪状。腹足 6 对,雌性第一对腹足退化,雄性前两对腹足演变成钙质交接器。克氏原螯虾性成熟个体呈暗红色或深红色,未成熟个体呈淡褐色、黄褐色、红褐色不等,有时还见蓝色。常见个体全长 4.0~12 厘米,最大个体全长为 16 厘米,体重雄性最大为 101.7 克,雌性最大为 120 克。

(四) 食性

克氏原螯虾食性相当广,这也是它得以高速扩散的重要原因之一。它以杂食性为主,主要摄食水底的有机碎屑、水生植物,也捕食水生动物,如小型甲壳类、水生昆虫等。在天然水体中,其个体肠道中动物性食物约占 20%,植物性食物占 80%,各种谷物、饼类、蔬菜、陆生牧草、水体中的水生植物、着生藻类、浮游动物、水生昆虫、小型底栖动物及动物尸体均能摄食,也喜食人工配合饲料。在 20~25℃时,克氏原螯虾摄食眼子菜每昼夜可达体重的 3.2%,摄食竹叶菜可达体重的 2.6%,摄食水花生可达体重的 1.1%,摄食豆饼可达体重的 1.2%,摄食人工配合饲料可达体重的 2.8%,摄食鱼肉可达体重的 4.9%,而摄食蚯蚓高达体重的 14.8%。由于捕食能力较差,故其食物组成中植物成分占主导地位。对鱼类养殖也无大的影响,只捕食一些快死或已死亡的鱼类。在人工养殖池塘中,多以人工配合饲料为食。

(五) 生长

克氏原螯虾与其他甲壳动物一样,必须蜕掉体表的甲壳才能完成突变性生长。刚脱离母体的幼虾平均全长约1厘米,平均体重为2.04克。条件好的情况下,经3~4个月即可达到上市规格。克氏原螯虾的蜕壳与水温、营养及个体发育阶段密切相关。幼体一般4~6天蜕壳一次,离开母体进入开放水体的幼虾为5~8天蜕壳一次,后期幼虾的蜕壳间隔一般为8~20天。一般蜕壳11次即可达到性成熟,性成熟后一般一年蜕壳1~2次,一般在夜晚有隐蔽物的地方进行,时间持续几分钟到十几分钟。蜕壳一次有的可增重95%。该虾在通常情况下寿命不长,一般为1年,雄性更短,但在食物缺乏、温度较低和比较干旱的情况下可成活2~3年。

三、克氏原螯虾苗种繁育技术

克氏原螯虾苗种繁殖目前有3种方式:一是池塘育苗;二是大棚育苗;三是工厂化育苗。我们这里重点介绍池塘育苗。

(一)亲虾选择及产卵

1. 雌、雄虾区分

克氏原螯虾雌雄异体,并且具有较显著的第二性征(见彩色插页)。首先可从腹部游泳肢形状对其加以区分:雄虾腹部第一游泳肢特化为交合刺,而雌虾第一游泳肢特化为纳精孔。其次,两者螯足具明显差别,雄性螯足粗大,螯足两端外侧有一明亮的红色疣状凸起;而雌虾螯足比较小,疣状凸起不明显。第三,雄虾螯足较雌虾粗大,个体也大于雌虾。

2. 亲虾挑选

克氏原螯虾的繁殖期为每年9月到次年6月,高峰期在11月至次年3月。绝大部分虾一生繁殖一次,但繁殖的同步性比较差,时间不一。在每年的8~9月,选择体重25克/尾以上、颜色暗红或黑红色、体表光泽度好、性腺成熟的健康亲虾个体作亲本,要求规格均匀,雌、雄虾比例为(2~5):1。亲虾以直接从天然水域或养殖池塘中通过抄网、虾笼或虾罾等渔具收集为宜。亲虾采用干法运输,可用60厘米×40厘米×15厘米的密网箱运输,箱内先铺好水草,每只箱装运量不超过5千克。运输时应保持箱内湿润,避免阳光直射,并尽量缩短时间。到塘边后应先洒水,然后连同包装一起浸入池中1~2分钟,再取出静放1~2分钟,如此反复2~3次,才可多点放养,放养量为每亩50~75千克。

3. 交配与产卵

克氏原螯虾几乎可常年交配,但以每年春季为高峰。交配一般在水中的开阔区域进行。对水温的适应性较大,15~31℃均可进行。在交配时,雄虾通过交合刺将精子注入雌虾的纳精囊中,精子可在纳精囊中贮存2~8个月。雌虾在交配以后,便陆续掘穴进洞,当卵成熟以后,在洞穴内完成排卵、受精和幼体发育的过程。

雌虾的卵巢发育持续时间较长,通常在交配以后,视水温不同,卵巢需再发育2~5个月方可成熟。在生产上,可从头胸甲与腹部的连接处进行观察,根据卵巢的颜色判断其性腺成熟的程度。具体可把卵巢发育分为苍白、橙色、棕色(茶色)和深棕色(豆沙色)等阶段,其中苍白色是未成熟幼虾的性腺,细小,需数月方才达到成熟;橙色是基本成熟的卵巢,交配后3个月左右可以排卵;茶色和深棕色是成熟的卵巢,是选育亲虾的理想类型。精巢较小,在养殖池塘中,一般同卵巢同步成熟。在美国各主要的螯虾生产区域,一般采用逐步排干池水的方法来刺激螯虾的性腺成熟,促进亲虾交配产卵。抱卵雌虾可见彩色插页。

(二)虾苗培育

1. 产卵孵化

克氏原螯虾的繁殖方式比较特殊,其大部分过程在洞穴中完成,故在平常的生产中难以见到抱卵虾。卵巢在交配后需2~5个月方才成熟,并进行排卵受精。受精卵为紫酱色,黏附于腹部游泳肢的刚毛上。抱卵虾经常将腹部贴近洞内积水,以保持卵处于湿润状态。克氏原螯虾的怀卵量较小,根据规格不同,怀卵量一般在100~700粒,平均为300粒。卵的孵化时间为14~24天,但在低温条件下,孵化期可长达4~5个月。克氏原螯虾幼体在发育期间不需要任何外来营养供给,刚孵出的仔虾需在亲虾腹部停留几个月左右方脱离母体。若条件不适宜,它们可在洞穴中不吃不喝数周。当池塘灌水以后,仔虾和亲虾陆续从洞穴中爬出,自然分布在池塘中。有时亲虾会携带幼体进入水体中,然后释放幼体。克氏原螯虾虽然抱卵量较少,但幼体孵化的成活率很高。克氏原螯虾分散的繁殖习性限制了苗种的规模化生产,给集约化生产带来不利影响。

2. 虾苗培育

在亲虾放养前15天,施用经发酵熟化的有机肥,发酵时加入1‰~2‰肥料量的生石灰做消毒处理,施肥量为每亩100~300千克。10月中下旬,降低池塘水位,仅在低凹处存水,迫使大部分亲虾进入洞中穴居,刺激亲虾性腺发育。冬季加满水位,使其安全过冬。待翌年3月中下旬气温回升时降低水位,使亲虾出洞孵化,同时繁育苗种,提高苗种繁育的同步性和成活率。一旦发现有稚虾离开母体,则及时做好产后亲虾的捕捞工作。在克氏原螯虾虾苗孵出后2~3天,虾苗开始摄食,此时采用肥水育苗法和豆浆肥水育苗法:每亩施发酵的有机肥100~300千克,培育浮游生物,以利于幼虾的生长;或每亩每天用1.5~2.5千克黄豆磨浆全池泼洒,一天泼浆2~3次,每次间隔时间为5~6小时。1周后可加入少量的配合饲料破碎料。

(三)虾苗捕捞

由于该虾虾苗不像鱼类一样能在水体游泳,容易堆集挤压,加上虾壳极薄,非常不适合捕捞作业。待虾苗规格达到2.5厘米以上,虾壳增厚,活动力增强时,才开始捕捞出池,作为苗种放养。通常捕虾苗的时间宜选择在早晨,这时虾苗放养的成活率较高。捕捞苗种的主要方法为虾笼捕捞。单人作业时可用抄网,该方法适宜于在水花生等浮叶水生植物的草下捕捞。

(四)虾苗运输

1. 影响虾苗成活率的因素

在运输过程中若克氏原螯虾虾苗离水时间过长,长时间处于脱水状态,则放到池塘里后会因大量吸水导致腹胀而死;收购的苗种是由捕捞户在水体中下药而捕获的,放入池塘中会大量死亡;运输工具不合适,造成虾苗挤压受伤,放入池塘中也会造成大量死亡。

2. 运输方法

运输时间在2小时以内的可以采取干法运输,运输工具有网箱、塑料盘等。每只网箱、塑料盘放苗数量不超过5千克,做到不挤压。中途要适时洒水,还要注意防晒、防风吹、防高温。高温季节运输时可用空调降温。运输时间在2~10小时时,一般采用活水车充氧网箱运输法,网箱用木架或竹架框外包聚乙烯网布制作,网箱规格为60厘米×40厘米×15厘米,一只网箱可装虾苗5~6千克。运输时间超过10小时的,适宜采用双层尼龙袋充氧运输,每袋装虾不超过1千克,包装后可以空运。采用以上三种方法运虾苗均不能直接放冰块,因温度的变化对水生动物的影响是非常大的,一般温差不能超过3℃。

四、商品虾养殖技术

克氏原螯虾的养殖目前有专养、混养、轮养、多茬、稻田等多种模式,这里主要介绍池塘专养模式。

(一) 池塘清整消毒

1. 池塘清整

饲养克氏原螯虾的池塘要求水源充足,水质良好,进、排水方便,且有一定的坡度。面积以3~5亩为宜,水深为0.4~1.2米。新开挖的池塘和旧塘要视情况加以平整塘底,清除淤泥和晒塘,使池底和池壁有良好的保水性能,尽可能减少池水的渗漏。最好池塘的部分地方像沼泽地,深浅不一,且这部分可占池塘总面积的1/5~1/3。利用稻田改造成塘的,可把土堆在外侧的埂上并压实,要求宽度在2米以上,并用石棉瓦、塑料板、薄膜等建材做好防逃设施。

2. 清塘消毒

池塘清塘消毒可有效杀灭池中的敌害生物,如鲶鱼、泥鳅、乌鳢鱼、蛇、鼠等;争食的野杂鱼类,如鲤、鲫鱼以及致病菌。常用的方法是用生石灰消毒和漂白粉消毒。生石灰消毒分干法消毒法和带水消毒法两种。干法消毒法:池塘留水10厘米左右,每亩用生石灰100～120千克,全池泼洒,经3～5天晒塘后,再灌入新水;带水消毒法:每亩水面以水深1米计算,将生石灰125～150千克溶于水中后,全池均匀泼洒。漂白粉消毒是将漂白粉完全溶化后,全池均匀地泼洒,用量为每亩15～20千克(含有效氯30%),泼洒漂粉精则用量减半。

3. 设置隐蔽物

虾类活动的场所与鱼类有所不同。虾类活动的场所是能够使其附着的水体底面积和池塘中的水草茎叶,即水体中可供虾附着的面积越大,则可放养虾的数量越多。克氏原螯虾喜欢在洞穴阴暗处栖息,附着物可根据不同地区的条件放置一定的数量。在澳洲江螯螯虾的繁殖场,笔者见到过将瓦片和竹筒放在池塘内的,可取得同样的效果。

池底50%～70%的面积可种植水草,以供克氏原螯虾在蜕壳时躲避敌害侵袭和栖息用。饲养前期在水草未长出时,可用陆生植物扎成草把放在池塘四周离池埂1.5米处,每隔3～5米放一束,每亩放20～30束。

(二) 放养前准备

1. 种植水草

"虾多少,看水草",在水草多的池塘养虾,成活率高。克氏原螯虾食性杂,摄食的水草有伊乐藻(见彩色插页)、轮叶黑藻、凤眼莲、水浮莲和喜旱莲子草(水花生)以及一些陆生的草类等。在池中种植水草,为虾提供了隐蔽、栖息的场所,也是虾蜕壳的良好场所。一般种植水草的面积以超过池塘总面积的2/3为宜。在放养前也必须放好螺蛳,每亩要求在200～300千克以上,以后还需要逐步添加,只有这样才能保证养好克氏原螯虾。

2. 进水和施肥

水源要求水质清新,溶氧充足,无污染。向池中注入新水时,要用规格为60~80目网布制作的网袋过滤,以防止野杂鱼及其鱼卵随水流进入饲养池中。若虾塘内有大量的小鱼,饲料都让小鱼吃了,会影响产量;若池塘内有大量的肉食性鱼类,如乌鳢鱼,则更会极大地影响虾的产量。同时,施肥培育浮游生物,为入池后的虾苗直接提供天然饵料。往虾池中施肥,最好选用有机肥料,如施发酵过的有机粪肥,施用量为每亩300~500千克,使池水有一定的肥度。在虾苗放养前及放养的初期,池水应控制在较浅的水位,使水质易变肥;在饲养的中后期,随着水位的加深,要逐步增加施肥量。施肥量的多少,要视水色而定,以保持池水透明度在35~40厘米为宜。

(三) 虾苗放养

1. 提高放养成活率的措施

一是把好苗种进口关。要亲自去现场收购,不要收购用药捕来的苗种。大河道里的苗种质量比较好,带病菌也少。二是把好苗种运输消毒关。在运输虾苗的过程中,要避免挤压,可用装有0.3%食盐水的喷壶喷洒消毒,以避免虾苗脱水,同时杀灭病菌。三是就近收购原则。就近收购可以缩短在途中的运输时间,提高放苗的成活率。

2. 放养方法

清塘后7~10天后,池水药效消失,正是虾苗的适口天然饵料如轮虫、枝角类等浮游生物繁殖的高峰期,此时即可放苗。放苗前要进行"试水",如果试水虾活动正常,无异常现象,说明池水药性完全消失。

3. 虾苗虾种质量要求

(1) 规格整齐。虾苗规格在3厘米以上;同一池塘放养的虾苗规格基本一致。可以一次放足,也可以分批放养。

(2) 体质健壮,附肢齐全,无病无伤,生命力强。

4. 放虾苗时间及密度

克氏原螯虾虾苗放养量应视虾苗的规格大小、放苗时间及池塘条件灵活掌握。依据饲养的方式来看,具体有以下两种:

(1) 春季放养模式。以放养当年孵化的第一批稚虾为主,放养时间在3月至6月中下旬。稚虾规格为3~4厘米以上,每亩放养1.5万~2万尾。

(2) 秋季放养模式。以放养当年培育的大规格虾种为主,放养时间为9月中旬至10月。种虾规格为30~40尾/千克,以雌虾为主。若只养殖商品虾,则需要放养15~25千克/亩;若要翌年初春卖种苗,则需放养雌虾50~100千克/亩,它们大部分要到翌年3月以后大量的苗种孵出后出售;养殖到5月以后,就可起捕上市,商品虾规格为每只重25克以上。

(四) 饲料投喂

1. 种草养螺

克氏原螯虾饲料主要以草类为主,食性与河蟹极为相似,所以种好草是养殖好虾的关键。要求水草面积占池塘总面积的50%甚至70%以上。可以种大量的苦草(扁担草),其他的草类如轮叶黑藻、伊乐藻等沉水和挺水植物以及一些漂浮植物也可。在放养前必须放好螺蛳,要求每亩在200~300千克以上,以后还需要逐步添加,只有这样才能保证养好虾。

2. 阶段投饲方法

在克氏原螯虾的饲养过程中,饲料的投喂应把握好以下原则:按照克氏原螯虾不同生长发育阶段对营养的需求,搞好饵料组合。虾苗虾种主要摄食轮虫、枝角类、桡足类以及水生昆虫幼体,因而应通过施足基肥、适时追肥,培养大量轮虫、枝角类、桡足类以及水生昆虫幼体,供虾苗和虾种捕食;同时辅以投喂人工饲料,这时期主要采用粉状饲料,如麦麸、豆饼。3月以后是克氏原螯虾快速生长阶段,此时应以投喂麦麸、豆饼以及嫩的青绿饲料、南瓜、山芋、瓜皮等为主,辅以动物性饲料。5~6月是克氏原螯虾亲虾性腺发育的关键阶段,而8~9月则是克氏原螯虾积累营养准备越冬阶段,此两期应多投喂动物性饲料,如鱼肉、螺蚬蚌肉、蚯蚓以及屠宰场的动物下脚料等,以充分满足克氏原螯虾生长发育对营养的要求;也可使用螯虾的专用颗粒饲料,以满足其蜕壳和生长的需要。颗粒饲料每天的使用量为虾存塘量的2%～3%。

3. 日投饲方法

按照克氏原螯虾的摄食特点,科学投饵。克氏原螯虾具有昼伏夜出的习性,常常夜晚出来活动觅食,同时还具有贪食和相互争食的特点,因而在饵料投喂上,每天要早、晚投喂2次,投喂以傍晚为主,投喂量要占到全天投喂量的60%～70%。克氏原螯虾的游泳能力较差,活动范围较小,且具有占地的习性,因此饲料的投喂要采取定质、定量、定时、定点的方法,投喂均匀,使每只虾都能吃到,以避免争食,促进克氏原螯虾均衡生长。

4. 投饲管理

按照天气、水质以及克氏原螯虾的活动吃食状况,合理投饲。克氏原螯虾生长的适宜水温为20～32℃,8～10月水温在20～32℃及水质状况良好的条件下,克氏原螯虾的摄食量相当旺盛,通常动物性饲料的日投饵量可按池中克氏原螯虾体重的8%～12%安排,干饲料或配合饲料则为3%～5%。每天的投饲量还要根据天气、水质以及克氏原螯虾的活动吃食情况加以合理调整,天气晴朗、水质良好时应多投饲料,而高温、阴雨天气或水质过浓时则应少投;大批克氏原螯虾蜕壳时应少投,蜕壳后则应多投;发病时或克氏原螯虾活动不太正常时少投。

投喂的饲料要适量、适口,不投喂腐败变质的饲料。每天投饲时,要检查上次投喂的饲料是否有剩余或池虾是否还在四处觅食,结合近期水温,合理增减投饲量;定期在饲料中添加多种维生素、免疫多糖等,预防疾病发生;动物下脚料最好是煮熟以后投喂。在池塘内水草不充足的情况下,一定要增加陆生草类的投喂。若池塘中人工种植的水草可以满足虾的需求,则夏季要捞掉多余的水草,以免腐烂后影响水质。

(五) 水质管理

1. 水质、水位调节

克氏原螯虾生长快,新陈代谢旺盛,耗氧量大,因此池塘水质要经常保持清新,一般每 15～20 天需加换水一次,以确保水质清爽、池水中有足够的溶氧,使池水透明度保持在 35 厘米左右。

2. 施肥肥水

饲养期间,应适时补施追肥。虾苗放养一周后,每亩可施发酵的畜禽粪 100～150 千克,培育浮游生物供虾苗摄食。在饲养的中后期,要视池水透明度适时补施追肥,使池水水色呈豆绿色或茶褐色,透明度在 30～40 厘米。水质不宜过肥,否则容易引起克氏原螯虾缺氧浮头。一般每半个月补施一次追肥,追肥以发酵过的有机粪肥为主,施肥量为每亩 15～20 千克。夏季要特别注意是否有克氏原螯虾缺氧浮头情况,尤其早上要注意观察。

3. 调控虾池水质

主要是保持虾池溶氧量在 5 毫克/升以上,pH7～8.5,透明度 35 厘米左右。应每 15～20 天注换一次水,每次换水量为池塘原水量的 1/8～1/5。每 10 天泼洒一次生石灰水,每次每亩用量 3～5 千克。生石灰在改善水质的同时,还能增加池水中钙离子的含量,促进克氏原螯虾蜕壳生长。每半个月左右全池泼洒光合细菌一次,降低池中氨氮等含量。池塘水位不要太深,通常水深保持在 1 米左右即可,高温季节水位可深一些,同时应保持池水水位稳定,不能忽高忽低。

4. 防止水污染和缺氧

在饲养期间,严防池水受到工业污染、农药污染等。当水中溶氧低、水质老化,或遇闷热、连续阴雨等恶劣天气时,应减少投饲量或停止投饲;若发现克氏原螯虾反应迟钝,集中到岸边侧倒,则说明池水缺氧严重,要及时注水或开启增氧机增氧。

(六) 日常管理

1. 加强巡塘

池塘养殖克氏原螯虾,要坚持每天早晨或傍晚巡塘 1～2 次,观察池塘水质变化,了解克氏原螯虾的吃食以及活动状况,搞好饲料投喂量的调整;清理养殖环境,发现异常情况及时采取措施。

2. 蜕壳期管理

克氏原螯虾的生长是通过蜕壳来实现的。蜕壳是克氏原螯虾生长的重要标志,故搞好蜕壳虾的管理十分重要。为了便于加强对蜕壳虾的管理,应通过投饲、换水等措施,促进克氏原螯虾群体集中蜕壳。当大批克氏原螯虾蜕壳时,应减少投饵,减少人为干扰,促进克氏原螯虾顺利蜕壳。大批克氏原螯虾蜕壳后,要及时增加投喂优质饲料,严防因饲料不足而引发克氏原螯虾之间的相互残杀。

3. 防逃措施

饲养克氏原螯虾的池塘要用塑料薄膜或石棉瓦、水泥砖、水泥板等材料建好防逃墙,还要考虑防逃墙内有足够的干地面积,最好有2米以上的距离,以防止克氏原螯虾打洞逃跑。尤其是在汛期,要做好防汛工作,严防大风大雨冲垮池埂或防逃墙引发逃虾。在日常巡塘时要检查进、排水口是否完好,防止逃虾。

克氏原螯虾有打洞的习性,在养殖过程中,一定要在池塘中栽种水生植物,或者设置一定数量的网片,或设置竹筒、塑料筒等人工洞穴,增加克氏原螯虾的栖息、蜕壳隐蔽场所。

(七) 克氏原螯虾病害防治

1. 预防措施

(1) 放养虾苗前,对池塘进行严格的消毒处理。

(2) 放养时虾种用3‰~4‰的食盐水浴洗10分钟,进行虾体消毒。

(3) 加强池水水质管理。定期加注新水,调节池水水质。定期用生石灰水全池泼洒,定期全池撒漂白粉或消毒王,定期用生石灰对食场进行消毒,定期泼洒光合细菌,每月使用一次底质改良剂。

(4) 投喂的饲料要新鲜,不投腐败变质的饲料。下脚料一定要切小、煮熟后投喂。在配合饲料中可以添加光合细菌等有益微生物。

(5) 发现虾池中有鲶鱼、乌鳢鱼等凶猛肉食性鱼类时,要及时清除;发现水蛇、水鼠等敌害生物时,要及时采取措施清除。

2. 常见病害的防治方法

（1）烂鳃病。烂鳃病病原为细菌,症状为病虾鳃丝发黑,局部霉烂。防治方法：经常清除虾池中的残饵、污物,注入新水,保持水体中溶氧在4毫克/升以上,避免水质被污染。用漂白粉2毫克/升溶水全池泼洒,可以起到较好的治疗效果。

（2）黑鳃病。黑鳃病主要是由于水质污染严重,虾鳃丝受真菌感染引起的。症状是鳃由红色变为褐色或淡褐色,直至完全变黑,鳃萎缩,病虾往往伏在岸边不动,最后因呼吸困难而死。防治方法：保持水体清洁,溶氧充足,定期用生石灰调节水质。患病虾用3‰～5‰的食盐水浸洗2～3次,每次3～5分钟,或用亚甲基蓝10毫克/升溶水全池泼洒。

（3）烂尾病。烂尾病是由于克氏原螯虾受伤、相互残杀或被几丁质分解细菌感染引起的。感染初期病虾尾部出现水泡,边缘溃烂、坏死或残缺不全,随着病情的恶化,溃烂由边缘向中间发展。感染严重时,病虾整个尾部溃烂掉落。防治方法：运输和投放虾苗虾种时,不要堆压和损伤虾体；饲养期间饲料要投足、投匀,防止虾因饲料不足而相互争食或残杀。发生此病,可用茶粕15～20毫克/升浸液全池泼洒,或每亩用生石灰5～6千克溶水全池泼洒。

（4）聚缩虫病。聚缩虫病病原为聚缩虫,症状为虾难以顺利蜕壳,病虾往往在蜕壳过程中死亡。该病幼体、成虾均可发生,而对幼虾危害较严重。防治方法：彻底清塘,杀灭池中的病原体。发生此病时可经常大量换水,以减少池水中聚缩虫的数量。

（5）纤毛虫病。纤毛虫病常见病原有累枝虫和钟形虫等。纤毛虫附着在成虾和虾苗的体表、附肢和鳃上,大量附着时会妨碍虾的呼吸活动、摄食和蜕壳,影响其生长。尤其在鳃上大量附着时,影响鳃丝的气体交换,会引起虾体缺氧而窒息死亡。防治方法：保持合理的放养密度,注意虾池的环境卫生,经常换新水,保持水质清新；用纤虫净（硫酸锌）预防和治疗。

（6）综合急性死亡病（暂名）。2008年始,湖州市安吉县人工养殖的克氏原螯虾从5月下旬开始出现大量死亡现象（图3－2）,死亡个体以中、大虾为主,死亡之前表现症状为虾螯足无力、行动迟缓、反应迟钝、伏于水草表面或池塘四周浅水处;死亡前体色变黄,解剖后可见少量虾有黑鳃现象,普遍表现肠道内无食物、有炎症,病虾头胸甲内有淡黄色积水。通过现场水质检测和病虾解剖诊断,初步提出了治疗措施,基本控制了病情。主要措施如下:一是在日常管理中加强水质管理和投饵管理,每隔15~30天泼洒生石灰浆1次,每次每亩用量5千克,晴天中午开启增氧机2~3小时,并投喂优质的配合颗粒饲料及新鲜的草料;二是确诊该病后,池塘用二氧化氯消毒剂泼洒消毒,浓度为0.3~0.5毫克/升,或用碘制剂消毒,连续消毒2~3次,同时使用氧氟沙星或恩诺沙星拌饲料内服,用量为3~5克/千克饲料,连喂5~7天。

图3-2 急性死亡病虾

(八) 捕捞

1. 捕捞季节

克氏原螯虾生长速度较快,池塘饲养的克氏原螯虾经过1~2个月的饲养,成虾规格达到30克以上时即可捕捞上市。克氏原螯虾到了商品虾规格就可以捕捞,应做到长年捕捞,这样有利于小虾的生长,也可防止因池塘内虾密度太高而造成相互残杀,影响产量和效益。

3～6月放养的克氏原螯虾虾苗5～9月即可捕捞,冬季放养的克氏原螯虾虾种繁殖后的苗种第二年4～7月即可捕捞。

2. 捕捞方法

克氏原螯虾捕捞的方法很多,可用虾笼、地笼网(图3-3)、手抄网等工具捕捉,也可钓捕,还可干池捕捉。在4月中旬至7月中旬,采用虾笼起捕效果较好;7月下旬以后,地笼网捕虾量急剧减少,克氏原螯虾多打洞穴居,此时调节水位方可以捕捞。通常捕捞时多采取捕大留小的方法,达不到上市规格的留池继续饲养。

图3-3 克氏原螯虾地笼网捕捞

3. 注意事项

需要注意的是,克氏原螯虾在捕捞前,防病治病要慎用药物,否则会影响克氏原螯虾的回捕率和商品虾的质量,影响养殖效益。

(九) 商品虾运输

成虾捕捞起来以后,短途运输可以用塑料筐装运(图3-4),规格为60厘米×40厘米×40厘米,一箱可以装运20~25千克;长途运输可以用泡沫箱装运,规格为60厘米×40厘米×40厘米;夏季高温季节可以带冰运输。

图3-4 克氏原螯虾运输

五、克氏原螯虾的产品质量要求

(一)规格

克氏原螯虾商品规格见下表:

克氏原螯虾商品规格

规　　格	体重(克/只)
特大	≥50
大	35~50
中	20~35
小	≤20

(二)感官要求

活克氏原螯虾具有本身固有的色泽和光泽,体态匀称,体形正常,在水中游动快速,对刺激反应敏捷,无畸形、无病态、无死亡的个体。

(三)安全指标

按照 NY5158—2005《无公害食品　淡水虾》规定:汞(以 Hg 计)≤0.5 毫克/千克,砷(以 As 计)≤0.5 毫克/千克,铅(以 Pb 计)≤0.5 毫克/千克,土霉素≤100 微克/千克,其他农药、兽药按国家有关规定执行。

六、克氏原螯虾养殖实例

(一)池塘专养克氏原螯虾

安吉县梅溪镇扬店村杨文刚养殖克氏原螯虾,面积 25 亩,在 2009 年取得高产量,总产量 8175 千克,每亩产量 327 千克,每亩产值 5232 元,每亩利润 3200 元,取得了很好的经济效益。

1. 池塘条件

养殖克氏原螯虾的池塘水源充足,水质良好,进、排水方便,面积每只池塘 3 亩左右,共 7 个,水深 0.8~1.2 米,池塘坡比 1:3。池底 70%~90% 面积种植伊乐藻、轮叶黑藻等水草,供克氏原螯虾吃食,同时提供其蜕壳时躲避敌害侵袭和栖息用的场所。

2. 清塘消毒

池塘在放养前用生石灰消毒,每亩用生石灰 120 千克全池泼洒,再经 7 天晒塘后灌入新水。

3. 施肥培水

向池中注入新水时,用密网袋过滤,防止野杂鱼及鱼卵随水流进入饲养池中。同时,每亩施肥 150 千克,以培育浮游生物,为虾苗入池后直接提供天然饵料。

4. 苗种放养

一年中采取轮放养模式。每半个月左右放苗一次,每次每亩放养1200尾,年放养14次,每亩总放养量1.7万尾。

5. 日常管理

日常管理工作主要集中在投饲管理,水质、水位调节,补施追肥,防病防逃等方面。

6. 捕捞上市

成虾规格达到30克以上时,即可捕捞上市。

(二) 克氏原螯虾与青虾池塘轮养

安吉县高禹镇南北湖村养殖户杜修青,近年来探索出一种"克氏原螯虾与青虾轮养"的新型养殖模式,2009年通过这种养殖模式共捕捞龙虾13650千克,每亩产量273千克,青虾2300千克,每亩产量46千克;总产值33.34万元,每亩产值6668元;净利润19.25万元,每亩利润3850元。

1. 池塘条件

池塘面积50亩,共6个池塘,水源充足,水质良好,排灌方便,池底无渗漏,池塘坡比为1:(2.5~3),水深0.8~1.2米,池塘埂宽度在2米以上并用石棉瓦围合成封闭状的防逃墙,设置80目的筛绢袋过滤进、出水。

2. 消毒施肥及种草

虾苗放养前,对池塘进行消毒。放干水经阳光曝晒,清除淤泥。选择晴朗天气,每亩用生石灰100千克兑水化浆全池泼洒,7~10天后经试水确认毒性消失后才放入虾种。在虾苗放养前一周,注水0.5~0.8米,投入发酵过的有机粪肥,施用量为每亩100千克,培育浮游生物,为虾苗入池后直接准备适口的天然饵料。池塘2/3左右面积种植伊乐藻,种植时间在11月。

3. 苗种放养

第一茬克氏原螯虾养殖从春季 3 月中下旬开始,放克氏原螯虾苗种,稚虾规格为 3～4 厘米以上,每次每亩放养 0.1 万～0.2 万尾,共放养 1.0 万～1.2 万尾/亩,成虾到 7 月中旬前捕捞干净。

第二茬青虾养殖在 8 月初放养青虾苗,规格 1.0～1.5 厘米的虾苗 6 万～8 万尾/亩。

4. 饲料投喂

克氏原螯虾饲料主要以草类为主,同时辅助投喂龙虾专用颗粒饲料;饲养青虾用青虾饲料。在投饵上应坚持"四定"原则,可在池塘四周设置几个食台观察虾类的生长和吃食情况。具体投喂应因地制宜,根据当时虾类的摄食情况、天气、水温、水质、蜕壳等情况进行调整。

5. 日常管理

坚持每天早晨或傍晚巡视 1～2 次,检查池塘的防逃设施,观察池塘水质变化及虾类吃食、蜕壳等活动状况,检查有否不正常死亡现象。一旦发现异常,应找出原因,及时采取相应措施,并根据水质肥瘦及虾活动情况进行注水或排水。若发现虾反应迟钝,集中到岸边侧倒,则说明池水缺氧严重,要及时注水或开启增氧机增氧。

6. 疾病的防治

定期加注新水,调节池水水质;定期用生石灰全池泼洒,每月 2 次,每次每亩泼洒生石灰 15 千克;定期泼洒光合细菌,消除水体中的氨氮、亚硝酸盐、硫化氢等有害物质。

克氏原螯虾烂鳃、黑鳃等细菌性疾病可用含氯药物进行防治,并在饲料中适当添加维生素 C,以及使用 0.3～0.5 毫克/升的二氧化氯或三氯异氰尿酸全池泼洒;也可以用 2 毫克/升的漂白粉全池泼洒,连续泼洒 2～3 次。防治纤毛虫病可用硫酸锌 0.3 毫克/升全池泼洒,连续泼洒 2～3 次。

7. 成虾捕捞

第一茬克氏原螯虾从放养后半个月一直到 7 月中旬前全部轮捕干

净,第二茬青虾在 10~12 月上市。

(三) 克氏原螯虾与水稻共生养殖

安吉县递铺镇横塘村大港鱼虾养殖专业合作社开展了克氏原螯虾与水稻共生养殖,探索出了一种新型的养殖模式。2010 年每亩田块产克氏原螯虾 92 千克、早稻 445 千克、连作晚稻(预计)500 千克,每亩收益可以达到 3835 元左右,大大提高了农田的经济效益,解决了当地一些 50~60 岁外出打工困难人员的就业,稳定了新农村建设。现将这种养殖模式简单总结如下:

1. 农田准备

农田要求通风性较好,光照时间较长,水质良好,排灌方便,田底部不渗漏,长方形,面积以 3~5 亩为宜。沿田埂四周开沟,沟宽 0.8 米,深 0.5~0.6 米,夯实四周堆起的土方,田埂上用砂皮纸围合成封闭状的防逃墙,建好防逃设施。在水沟里种植伊乐藻。

2. 养殖方法

晚稻收获后,选择晴朗天气,在田中撒施生石灰,每亩用量为 40~50 千克,兑水化浆泼洒消毒。11 月中旬放养种虾,每亩放养 7.5 千克种虾,养殖到翌年 4 月中旬左右虾苗完全脱落时开始出售种虾。4 月 20 日进行早稻免耕直播,7 月 16 日收割,早稻的每亩平均产量为 445 千克。

7 月 25 日移栽连作晚稻,预计在 11 月 10 日左右收割。具体办法是:离水沟四周 10 厘米左右露出田块,进行翻耕耙开,然后选用优良稻谷品种,浸种露白和直播播种,等秧苗长到"三叶一心"时,再把四周沟里的水放满,让克氏原螯虾在田里进行耘耥。整个生育期每亩可以减少治虫防病的农药成本 70 元左右,肥料成本减少 50 元左右。

第四部分
河蟹苗种繁育及标准化养殖技术

一、品种介绍及养殖情况

(一) 品种介绍

河蟹俗称大闸蟹、毛脚蟹,学名为中华绒螯蟹,隶属节肢动物门、甲壳纲、爬行亚目、方蟹科、绒螯蟹属,见彩色插页。河蟹在我国主要分布于长江、辽河、瓯江等水系,是洄游性的一种蟹类,在海水中繁育苗种,在淡水中生长育肥,对环境的适应能力很强。

河蟹肉质极鲜美,是淡水中的珍品,市场上极为畅销,价格高昂。河蟹营养丰富,据分析,每 100 克蟹肉中含蛋白质 14 克、脂肪 5.9 克、碳水化合物 7 克、维生素 A 5900 国际单位,能量 582 千焦,并含有多种微量元素。

(二) 养殖情况

太湖南岸的湖州市是浙江省河蟹养殖的主要地区,其良好的水质及土壤适合河蟹的养殖。养殖的方式为池塘养殖及小湖泊养殖。2010 年湖州市池塘养殖面积已达到 3.5 万亩,产量 2000 多吨,产值 2 亿元,其他地方如嘉兴、杭州、绍兴等地也有养殖。浙江省河蟹育苗主要集中在宁波及绍兴的沿海地区,采用土池育苗,育苗的成本低,质量较好。湖州的蟹苗、蟹种主要来源于浙江省的宁波、绍兴及江苏如东、上海崇明等地。

河蟹池塘养殖(图 4-1)采用生态养殖技术,与青虾、鱼类混养,池塘内种植水草,投入成本较低,具有良好的经济效益和生态效益,每亩产河蟹 50~75 千克、青虾 10~25 千克,鱼类 15~25 千克,每亩产值 6000~8000 元,每亩利润 2000~5000 元。

图 4-1　池塘河蟹生态养殖

二、河蟹的生物学特性

(一) 生命周期与性成熟

河蟹属江河型生殖洄游的水生动物,即生长育肥栖息于淡水,繁衍后代则洄游到河口浅海水域。自然条件下,河蟹在淡水中经两秋龄的觅食育肥,则达性成熟。河蟹寿命一般为 22~24 个月。不论是天然还是人工养殖的河蟹,都有一部分在一秋龄时就达到性成熟,这种现象为通常所讲的"性早熟"。

(二) 生长和水温

河蟹适宜的生长水温为 18~30℃,最佳生长水温为 22~28℃,一年中会出现 6 月至 7 月中旬、8 月下旬至 9 月下旬两个生长高峰。

(三) 生长与蜕变

河蟹蜕壳是其生理固有特性，是河蟹生长、发育、变态的一个重要标志，其一生中要经过28～30多次蜕壳。河蟹蜕壳期的表现为：一是临近蜕壳食量明显下降；二是即将蜕壳的蟹背呈黄色，见彩色插页。雌蟹蜕壳以5月和8月为主，雄蟹以6月和9月为主。

(四) 食性与摄食

河蟹属杂食性，主要摄食水生植物和小鱼虾、贝类、底栖生物及有机碎屑。河蟹的摄食强度以春末夏初和秋季为最高，每天的摄食高峰一般在傍晚前后至晚上9点左右。河蟹残忍好斗，同类喜相残。

(五) 栖居与掘穴

河蟹的主要生活方式为底栖穴居，洞穴长度在20～80厘米。一般很少在1：(1.5～2.5)的缓坡造穴，更不在平地上掘穴。

(六) 自切与再生

河蟹受到强烈刺激或机械损伤或蜕壳受阻时，常会发生弃胸足的自切现象，这是一种保护性的机能。附肢的再生只限于个体生长阶段，到了性成熟阶段，随着蜕壳的终止，再生也就停止。

(七) 生殖与变态

每年霜降前后，河蟹生殖洄游到浅海处交配产卵，怀卵蟹受精卵进行胚胎发育，幼体出膜为蚤状幼体，经6次变态发育成幼蟹，其变态发育过程为：蚤状幼体→大眼幼体(蟹苗)→幼蟹。

三、产地生态环境要求

(一) 基础设施

开展河蟹养殖首先必须考虑三通，即水通、路通、电通；养殖场必须具备良好的基础设施条件,包括灌排水、增氧机械设备及防逃设施等。

(二) 自然条件

水域环境是河蟹生存的主要场所,水域中温度、酸碱度、光照、氧气以及水生植物等因素的变化将直接影响河蟹的蜕壳、生长,只有掌握河蟹养殖水域环境的相互关系并给予满足,才能促进河蟹的生长发育,争取高产。

1. 温度条件

河蟹是变温动物,体温主要取决于环境水温,通常河蟹的体温略高于周围环境的温度。水温能影响河蟹的蜕壳生长,适温条件下(21~28℃),河蟹的摄食旺盛,生长和蜕壳明显加快。水温在21~28℃时,一般每10~15天蜕壳一次;当水温超过28℃时,河蟹的蜕壳和生长就会受到抑制;水温15℃左右时河蟹蜕壳缓慢,基本不蜕壳;10℃以下时,河蟹摄食能力减弱。河蟹能忍受低温,水温在-2~1℃条件下能顺利过冬。冬天河蟹停止摄食,隐藏于洞穴中越冬。

2. 水的酸碱度

水的酸碱度(pH)主要取决于水中游离二氧化碳的含量。酸性环境中河蟹对低氧条件的忍受力和摄食能力减弱,并影响河蟹甲壳钙质的沉淀,尤其在幼体变态期,影响甲壳的形成和蜕壳,可直接影响河蟹的生长。

pH一般要求为7~8,即中性或微碱性。幼体变态时,pH可稍高,为7.8~8.6。

在大水面条件下,一般pH对河蟹的生长和发育影响不大,但在池塘条件下则不然。因为池塘密养条件下,水质较肥,加之夜间水中动、植物的呼吸作用和有机物的分解会消耗大量的氧气,同时放出二氧化碳,使水趋向酸性,从而影响河蟹的生长。故应经常换水,增加水中的溶氧,使水质保持清新,以让河蟹有一个良好的水域环境。如果水质偏酸性,则可施加适量石灰调节pH至微碱性,使河蟹顺利蜕壳、生长发育。

3. 光照条件

河蟹喜弱光,不喜强光,昼伏夜出,白天隐藏于洞穴、池底、石隙或草丛中。由于河蟹有十分发达的视觉器官,晚上可借助于微弱的光线出来觅食,所以可利用河蟹这一习性在晚上进行灯光诱捕。

4. 氧气条件

河蟹用鳃将溶解于水中的氧气和血液中的二氧化碳进行气体交换来完成呼吸,水中溶氧在 4 毫克/升左右,适合于河蟹生长。一般江河、湖泊水体里,溶氧十分充足,不会产生缺氧的情况。只有在池塘水体中,由于密度大、水质肥,如果管理不当,常会产生缺氧现象。当水中溶氧低于 2 毫克/升时,河蟹的蜕壳生长、变态受到抑制。保持水体中含有充足的溶氧,对人工养蟹是十分重要的。

5. 水草条件

无论是开展池塘养蟹还是江河湖泊的围网养蟹,都需要有丰富的水生植物,如轮叶黑藻、苦草、涟草、马来眼藻等。养殖水面可种植一些伊乐藻等,水草面积宜占水面的 50%～70%。此外,为增加水体中的鲜活饵料,每亩可增放 300～400 千克的鲜活螺蛳等,为河蟹栖息、蜕壳、摄食提供良好的生态环境。

四、河蟹土池育苗技术

河蟹土池人工繁育技术主要包括怀卵蟹来源、育苗池结构、幼体培育三部分。

(一) 怀卵蟹来源

1. 亲蟹来源

亲蟹是人工繁殖的物质基础,应选择体表干净、肢脐无伤残、活泼健壮、100 克(二两)以上的二秋龄绿蟹,雌、雄比为(2～3):1。选留时间江浙一带一般在立冬前后。为减少生产环节,也可在翌年 3 月初进行选购。

2. 亲蟹饲养

亲蟹散养于淡水土池中越冬,池深 1~1.5 米,四周设防逃设施。亲蟹下塘前半个月清除塘底污泥,每亩用生石灰 80~100 千克清塘消毒。下塘时应雌、雄分养,一般每亩可养 200~300 千克,并以带鱼、小杂鱼、螺类等饵料为主。日投喂量可视天气、水质等情况灵活掌握,通常每天投喂量为亲蟹总重量的 3‰~5‰。每隔 3~4 天换水一次,每次换水量为 30~50 厘米。

3. 亲蟹促产

根据浙江一带的气候,亲蟹促产的适宜时间为 2 月底至 3 月上旬,此时可将越冬池淡水抽干,将雌、雄亲蟹过数并按(2~3):1 的比例混合入池,注入海水。亲蟹经海水刺激发情交配,过 7~16 小时即可获产。促产雌蟹 80% 以上怀卵后,应陆续将雄蟹捉走。

4. 怀卵蟹饲养

怀卵蟹应专池饲养,管理方法基本与亲蟹饲养池越冬相同。为了保证怀卵蟹卵粒胚胎发育顺利,应注意保持水质清新及盐度相对稳定。

(二)育苗池结构

育苗池即幼体培育池,用于河蟹土池人工繁殖的池塘与常规土池相同,具备面积为 300~400 平方米、边坡为 1:3、四周呈圆角、深 1.5 米的长椭圆形育苗池,并建有进、排水设施,进、排水时套用规格为 80~100 目的尼龙筛绢网袋过滤。

(三)幼体培育

1. 清塘消毒

幼体放养前 15~20 天对培育池进行清整,去除污泥,修整堤埂,每亩施放 80~100 千克的生石灰和 8~10 千克的漂白粉,一周或 10 天后抽干原池药液水。在幼体出膜前的 3~4 天,开始过滤进海水,首次进水深度为 50~60 厘米,并再次用 20~30 毫克/升浓度的漂白粉消毒,再适量进水。待余氯毒性消失后,进行幼体培育。

2. 孵幼

当镜检怀卵蟹胚胎发育临近孵幼时(外观卵粒颜色为灰白色,心跳每分钟 120 次以上),应将怀卵蟹捉起洗净污泥,放入 35 毫克/升制霉菌素药液中消毒 40 分钟至 1 小时。为使同一培养池中短期内孵足幼体,应将怀卵蟹集中孵化。在怀卵蟹孵幼的过程中应及时检查,一旦幼体达到计划放养量时,应及时移去未孵怀卵蟹入另一培养池继续孵幼。孵后母蟹放入饲养池精心管理,等第二次怀卵。

3. 放养密度

以培养池水体计算,一般每立方米水体放养第 I 期蚤状幼体 3 万～5 万只。

4. 饵料投喂

怀卵蟹入池后至见第I期蚤状幼体孵出,加注新鲜海水 3～5 厘米。等大批幼体孵出并达到计划放养量时,开始投喂豆浆(以干黄豆计),每天 0.25～0.5 千克/亩,螺旋藻粉 0.25～0.5 千克/亩。II期以后,改投丰年虫无节幼体。一般II～III期每亩日投丰年虫无节幼体 0.5～1.5 千克(以丰年虫干卵计),并分 3 次投喂;IV期大眼幼体每亩日投 2～3 千克,分 4～5 次投喂。丰年虫无节幼体采用小水泥池充气孵化获得(参照第二部分三、罗氏沼虾苗种繁育技术)。

5. 水质控制

I～III期蚤状幼体以加水为主,每日 1 次,每次 5～10 厘米。III期以后开始对培育池进行水体交换,日换水量 1/3 直至蟹苗出池。整个幼体培育期间,应控制水位在 1～1.2 米,pH 为 8.0～8.5,盐度为 15‰～18‰,水体溶氧在 4 毫克/升以上。

6. 病害防治

发现培育池幼体娇小,体色较深,变态缓慢时,除采取及时换水措施外,还应施放土霉素或制霉菌素,浓度为 0.5～1 毫克/升并保持半天,可以增强幼体的抗病能力。

7. 蟹苗出池

当培育池幼体有 80% 变为大眼幼体时，就可以开始捕捞。捕捞工具可用捞海网。一般在白天选择大眼幼体集中的上风角用捞海网抄捕，晚上用灯光诱捕，最后用大拉网拉捕。出池的蟹苗在水泥池或网箱暂养，并每日加注淡水逐步淡化，暂养 3～4 天即可进入淡水生活。另外，也可采用原培育池加淡水淡化，使海水盐度逐渐降至 5‰ 以下。晚上用灯光诱捕 1～2 天，即可把大部分蟹苗捕净。出池的蟹苗分次沥干水分，称重后随机抽样 1～2 次，每次样品 1 克，分别计数，取其均值推算大眼幼体总数。

五、蟹种培育技术

（一）蟹种池设施

1. 蟹种池选择

蟹种培育池要求选择紧靠淡水水源、水质良好、没有污染、进排水方便的土地或低洼农田，且通电、通路。

2. 蟹种池结构

要求选用面积为 2～3 亩的土池，边坡为 1:3，塘埂不渗不漏，清除淤泥后用作蟹种培育。也可选用面积 3～5 亩的低洼农田用作蟹种培育池，沿田埂四周开挖宽 2～3 米、深 0.5～0.8 米的环沟，田中间挖成深浅的十字沟，并与环沟相通，平整夯实塘埂，达到不渗不漏。

3. 防逃设施

选用规格 10～15 目、高为 50 厘米的长条聚乙烯网片沿塘埂四周围栏，网片内侧紧贴高 40 厘米的农用薄膜，并与网片连成一体埋入地下 10～15 厘米，再用小竹固定网片并与地面呈直角，要求网片接头紧密、四角呈弧形。也可选用如白色塑料板、黑薄膜、石棉瓦、玻璃等材料用于蟹种培育的防逃设施。

4. 进、排水系统

蟹种培育池应设有进、排水设施，要求进水方便、排水自如、水位易控制、安全可靠。每次进、排水时应进行严格的过滤和防逃,一般采用15~20目的聚乙烯网袋或钢丝网紧罩进、排水口,严防敌害生物进入或幼蟹逃逸。

(二) 蟹种培育

1. 清塘消毒

蟹苗放养前15~20天,每亩用生石灰100~150千克全塘泼洒,再以每亩6~8千克的漂白粉沿沟或塘壁泼洒,彻底消灭敌害生物,并让太阳曝晒数日。在放苗前3~5天开始过滤进水,进水深度为40~50厘米,并移栽少量水花生、水葫芦等水生植物,如图4-2所示。

图4-2 蟹种培育池塘

2. 蟹苗放养与饵料投喂

以培养大规格蟹种为主,每亩投放优质、健壮的蟹苗0.5~0.75千克。首先在蟹苗下塘前几天,施足基肥或泼施少量尿素、过磷酸钙等,以培养水质;待蟹苗下塘后直接投喂枝角类或豆浆、蛋黄,每亩日投淡水枝角类2~3千克、豆浆2~3千克、蛋黄10~15只;当大部分蟹苗蜕变沉底变成幼蟹后，改投鱼肉浆或颗粒饵料，每亩日投喂鱼肉浆1.5～2千克，或颗粒饵料1～1.5千克，每天分早、晚2次投喂，投喂时沿池四周离水面5～10厘米处均匀泼洒，并视幼蟹摄食情况适当增减饵料投喂量。

3. 水质控制

蟹苗下塘后每隔1～2天加水一次，每次加水10～20厘米，保持水质清新；以后视幼蟹生长情况，每隔5～10天交换水体一次。此外，为增加幼蟹栖息、蜕壳生活场所，在蟹种培育池中经常添补或移栽一些沉浮水生植物，如苦草、浮萍、芜萍等，既为幼蟹提供了攀爬、栖息、蜕壳的条件，又可为幼蟹提供适口的植物性饵料。

4. 日常管理

每天巡塘数次，检查水质及幼蟹摄食蜕壳、防逃设施完好、防止敌害生物入侵等情况，如发现青蛙、水蛇、老鼠等敌害生物进入蟹池，应及时采取措施加以捕捉。此外，为改良水质，每隔10～15天泼洒生石灰一次，用量为每亩10～15千克。

5. 蟹种捕捞及运输

当幼蟹经5～6次蜕壳，即规格达每千克4000～5000只时，即可用三角抄网抄捕，捕出的幼蟹分养或出售；也可原塘继续培育至年底或年初起捕，干塘起捕的蟹种经大小分档后入网箱暂养，清除其鳃部污泥，然后选择阴凉天或夜间将蟹种起箱称重过数，装入聚乙烯袋，外加泡沫箱运往各地养殖。

六、商品蟹养殖技术

（一）池塘河蟹生态混养技术

1. 池塘条件和防逃设施

（1）池塘条件。池塘面积每个10～40亩，池塘四周及中间开挖宽2～8米、深0.5米的沟，平均水深达到1.2～1.7米，塘埂宽度为2.0～2.5米，坡度为1：（2～3），使之有一定面积的浅水区。塘底平坦且少淤泥，塘埂坚实不漏水。池塘灌、排水方便，水源充足，无污染，符合无公害水产养殖的水质要求。

（2）防逃设施如图4-3所示。池塘四周要做好防逃设施，材料一般用铝皮、加厚薄膜、钙塑板等，埋入土中20～30厘米，高出埂面50厘米，每隔50厘米用木桩或竹竿支撑。池塘的四角应呈圆角，防逃设施内留出1～2米的堤埂，池塘外围用皮条网片包围，高1米，以利防逃和便于检查。

图4-3 防逃设施

（3）池塘清整消毒。池塘应清除过多的淤泥，在冬季经阳光曝晒。蟹种放养前20～30天，每亩用生石灰75～100千克化浆后全池泼洒，杀灭病菌及清除野杂鱼类。清塘以后的进水用60目规格的网袋过滤，以防止野杂鱼类及卵进入池塘。

2. 种植水草及放养螺蛳

（1）营造良好的生态条件。池塘中应保持一定数量的水草，提供河蟹及青虾栖息、避敌、蜕壳的场所，提高成活率，也可作为河蟹的部分青饲料来源。水草还可以吸收水中的营养物质，起到净化水质的作用。在夏季高温季节,水草还可降低水温,促进河蟹的生长。水草以沉水的苦草、轮叶黑藻(见彩色插页)、伊乐藻(见彩色插页)为主(图4-4),水草的面积以占池塘总面积的50%～70%为宜。

图4-4 池塘内的水草

(2) 水草种养方法。苦草、轮叶黑藻的种植方法:在1～3月,池塘水深10～20厘米,每亩播撒草籽或芽孢1.5～3千克,播种后一个月即可长成5厘米以上的幼草。播种前草籽先用水浸泡1～2天,然后用细泥土拌均匀,全池散播或条播。伊乐藻种植方法:在3～4月,水深40厘米左右,采用分段无性扦插的方法,每亩种草量约50千克。在水草生长旺季,应割除过多的水草,以防缺氧和水质恶化。

(3) 放养活螺蛳。在蟹种放养的同时,每亩放养螺蛳200～400千克,大量繁殖的小螺可作为蟹的活饵料,同时螺蛳摄食浮游生物和有机物质,可起净化池塘水质的作用。

(4) 设置蟹种暂养区,如图4-5所示。蟹种放养的初期,在池塘的深水区,用网围栏一块面积占池塘总面积1/5～1/3的暂养区,将蟹种在暂养区培育到5月底,待池塘的水草生长和螺蛳繁殖到一定的数量时,再将蟹种放入池塘中。

图 4-5 蟹种暂养区

3. 蟹、虾及鱼种的放养

(1) 蟹种放养。蟹种宜选择自己培育或本地培育的长江系种,自育蟹种由于适合本地的气候条件,又避免了长途运输,其成活率、抗病性及生长性能都明显好于外购蟹种。蟹种放养时间在深秋初冬(11月至12月底)和初春(2月底至3月初),以初春放养更为适宜。放养时水温宜在 4~10℃,并应避开冰冻严寒期。

放养密度为每亩一龄蟹种 600~1200 只,密度适中,则出池规格较大。蟹种规格为每千克 80~200 只,要求规格整齐、无断肢足、无病斑,注意性早熟的小蟹要剔出。

(2) 青虾放养。青虾苗放养时间在 6 月下旬至 7 月下旬,每亩放养密度为 2 万尾,虾苗规格为每千克 1 万尾左右,不放养有红鳃、红体病的虾苗,避免在高温季节的中午放养;或在 5~6 月每亩直接放养抱卵雌虾 1~2 千克。

(3) 鱼种放养。池塘搭养鲢、鳙鱼种,可调节水质,减轻浮游藻类过量繁殖的程度,同时增加收入。每亩池塘放养一龄鲢鱼种 20 尾、一龄鳙鱼种10尾,规格为每千克20～30尾。

4. 水质管理

(1) 水质控制。虾蟹混养池塘在整个饲养期间应始终保持水质清新、溶氧丰富,池水透明度应控制在35～50厘米,前期可偏肥、后期宜偏瘦。养殖初期(3～5月)池塘水深宜0.5～0.8米,6月后逐步加深水位。每5～7天添加新水一次,到高温季节池塘水深应达到1.2～1.7米。水草的覆盖率应达池塘面积的50%,以降低水温,保持一个使河蟹良好生长的水环境。当池塘水质不良时,应及时换水或采取其他的措施改善水质。

(2) 使用钙制剂。补充水中钙离子含量可促进虾蟹生长。可使用柠檬酸钙、葡萄糖酸钙等可溶性钙制剂进行全池泼洒,每月使用2次。

(3) 使用微生物制剂。应施用芽孢杆菌、光合细菌、乳酸菌等微生物制剂来改善水质,分解水中的有机物,降低氨氮、硫化氢等有毒物质的含量,保持良好的水质,特别是在换水不便或高温季节时,效果明显。一般每10～20天使用1次,多种菌类混合使用效果更好。

(4) 底增氧改善水质。养蟹池塘可配备底增氧设施(图4-6),

图4-6 鼓风机

10亩面积的池塘可配备3.5千瓦的罗茨或鼓风机等一台,20~40亩面积的池塘可配备5~7.5千瓦的风机一台,池塘底部铺设纳米微孔管或钻孔气管。一般池塘在午夜到凌晨水中低溶氧时开机,或在高温季节晴天中午开机3~4小时,可有效增加水中溶氧量,改善水质。

5. 加强饲养管理

(1) 饲料种类。池塘中已培育有螺蛳、水草等天然饵料,能解决虾蟹的部分饲料来源。在养殖过程中,投喂饲料的主要种类有:虾蟹配合颗粒饲料、鲜鱼,另搭配少量的大小麦、玉米等植物性饲料。

(2) 饲料季节安排。总的投饲原则为:荤素搭配、两头精中间粗。即在饲养前期(3~7月),以投喂颗粒饵料和鲜鱼块为主,两者掺在一起投喂;在饲养的中期(7~8月),特别是在高温天气,应减少动物性饲料的投喂数量,增加大、小麦等植物性饲料的投喂量;在饲养后期(8月下旬至11月),应以动物性饲料和颗粒饵料为主,以满足河蟹的生长和育肥所需,同时适当搭配少量的植物性饲料。在饲养过程中,投喂的饲料要求新鲜、不变质。

(3) 日投饲方法。在日投饲总量控制的前提下,每日投喂1~2次。饲养前期,每日1次;饲养的中后期,每日2次,上午投总量的30%,傍晚投总量的70%;如投喂1次,则全部在傍晚投喂。精饲料投饲率2%~5%,鲜鱼块6%~10%。饲料均匀投在浅水区与深水区交界的无水草带。坚持每日检查吃食情况,不过量投喂。整个养殖期间每亩饲料的大概消耗量为:颗粒饲料100千克,鲜杂鱼250千克,玉米和小麦等植物性精饲料50千克。

(二) 小外荡河蟹养殖技术

1. 水域条件

在浙江省的湖州、嘉兴、绍兴等地的平原河网地带,一些浅水的河道、小湖泊(图4-7)等外荡水域可用于河蟹养殖,其面积应间于几十亩到几百亩之间,非交通要道,口子要小而少,并要求水流平缓、水位稳定、水质清新、无污染、天然饵料丰富、生长有一定面积的水草。

图4-7 小湖泊河蟹养殖

2. 防逃设施

出、入水域的口子使用定置地笼网具作为防逃及捕捞设施,放置在水的底部。在蟹种放养初期,由于改变环境,逃逸的概率可能大一些,故隔几天就要检查网具,网具内若有蟹种则要及时倒入养殖水域中。经过一定时间,当蟹种适应新环境后就基本不会逃逸。

3. 蟹种放养

蟹种放养时间、规格及要求与池塘养殖相同,在深秋初冬(11月至12月底)和初春(2月底至3月底)季节放养,规格为每千克120～200只的一龄蟹种,每亩水域面积放养量为50～200只。具体可根据水域面积大小、生物饵料量多少确定每亩的放养量,一般面积较小、水草较为丰富的可适当多放一些。在管理措施得当、水域无污染等情况下,回捕率可达到30%～60%,每亩产量5～15千克。养殖水域可每亩放养60～100尾的鲢、鳙鱼种。

4. 日常管理

外荡水域养蟹一般不投饲料,但要加强防逃、维护水草、防止污染等管理。在养殖水域中严禁施用农药,并阻止工、农业及生活污水进入。

5. 起捕时节

从9月下旬开始,随着冷空气来临,水温逐渐下降,河蟹性成熟后进行生殖洄游,活动加剧,使用定置地笼网、蟹簖等捕捞工具,放置在水域通道上,让河蟹自行爬入网具中而捕获(图4-8)。捕捞的季节集中在10~11月。

图4-8 河蟹捕捞

七、河蟹主要病害的防治

(一)病害预防

本养殖模式提倡应用健康养殖技术,以生态防病为主,药物治疗为辅,实行严格的清塘消毒、放养健康的蟹虾种、池塘水中种植水草、微生物调节水质、投喂新鲜优质的饲料等技术措施,可预防病害的发生。如果发生病害,应对症下药,使用高效、低毒、副作用小的药物。

(二) 主要病害

1. 河蟹、青虾纤毛虫病

河蟹、青虾纤毛虫病病原为聚缩虫、钟形虫等原生动物,附生的身体部位呈棉绒状,病虾、蟹活动困难,摄食减少。该病在水温18~20℃的春秋季流行。

放养时的预防:蟹种用浓度为25~50毫克/升的甲醛溶液(100~200毫克/升福尔马林)浸泡30分钟后放养;池塘用浓度5毫克/升的甲醛溶液(25毫克/升福尔马林)全池泼洒;或池塘水体用硫酸锌全池泼洒,具体按使用说明操作;或用浓度为0.5毫克/升的硫酸铜全池泼洒。注意水质变化,及时增氧换水。

2. 河蟹褐壳病

河蟹褐壳病病原为弧菌等多种细菌,病蟹甲壳出现微红色或黑褐色的斑点,步足尖端破损并腐烂。药物治疗:池塘用0.2~0.3毫克/升浓度的二氧化氯全池泼洒,连续泼洒2~3次,结合用土霉素或恩诺沙星掺饲料投喂,每千克饲料掺3~5克,连续使用1周。

定期用生石灰化浆全池泼洒以改善水质,每次每亩每米水深用5千克,或使用微生物制剂泼洒,调节水质。

3. 河蟹黑鳃病

河蟹黑鳃病由细菌引起,池塘淤泥多、水质恶化易发此病。防治方法:主要是改善池塘条件,保持良好的水质,定期用生石灰泼洒改善水质。药物治疗同河蟹褐壳病。

4. 河蟹颤抖病

河蟹颤抖病近几年发病较少,该病由病毒和细菌引起,症状为病蟹站立不稳,四肢收缩不能回缩,翻身困难,连续颤抖,死亡率高。防治方法:挖除池塘中过多的淤泥,保持良好水质,不放养带病蟹种;投喂饲料营养应均匀全面,适当增投植物性饲料。

八、河蟹的产品质量要求

（一）感官要求

按照 NY5064—2005《无公害食品 淡水蟹》规定：体形匀称，无畸形，无病态，甲壳坚硬，有光泽，螯足、步足与躯体连接紧密。背部呈青色、青灰色、墨绿色、青黑色、青黄色或黄色等正常色泽，腹部呈白色、乳白色、灰白色或淡黄色、灰色、黄色等正常色泽。蟹体反应敏捷，活动有力。鳃丝清晰，白色或微褐色，无异物，无异臭味。蟹体无蟹奴寄生。

（二）安全指标

按照 NY5064—2005《无公害食品 淡水蟹》规定：汞（以 Hg 计）≤0.5 毫克/千克，砷（以 As 计）≤0.5 毫克/千克，铅（以 Pb 计）≤0.5 毫克/千克，土霉素≤100 微克/千克，其他农药、兽药按国家有关规定执行。

（三）运输与包装

1. 河蟹运输

商品蟹的运输简单而方便，运输时间多在 9 月至春节，可使用网袋、柳筐、竹篓及木箱等包装，短距离运输以网袋居多，远距离运输以筐、篓、箱居多。运输前挑选、洗净河蟹，保持河蟹的湿润状态，在筐、篓、箱中可铺以水草、湿蒲包等，放入河蟹后，扎紧容器，防止河蟹活动损伤。在运输途中，防止阳光直接照射和低温冰冻。

2. 河蟹分级

河蟹捕捞后，根据健残、雌雄、大小等进行挑选分级。首先是剔开残次蟹；第二是雌雄分开；第三是根据大小分级。有残缺的河蟹和软壳蟹在当地及时出售，等级商品蟹经过运输及包装后销往主要消费市场。

湖州太湖商品蟹主要分级见下表：

湖州太湖商品蟹主要分级

等 级	规格（克/只）	
	雄 蟹	雌 蟹
特级品	≥250	≥175
一级品	200～249	150～174
二级品	175～199	125～149
三级品	150～174	100～124
等外品	<150	<100

3. 河蟹包装

等级商品蟹包装较为讲究，一个外包装纸箱内装6～10只蟹，雌雄数量各半，河蟹用专门的细绳捆扎（图4-9）。为保证质量，预防假冒，名牌的包装箱上印刷有品牌、产地、生产单位等信息，每只河蟹带有编码标签。

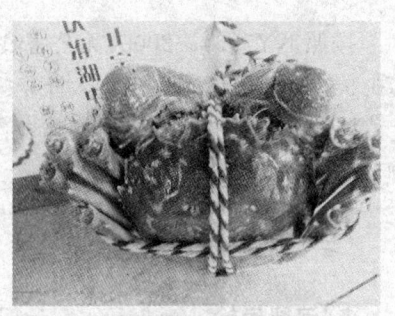

图4-9 商品蟹的捆扎与包装

参 考 文 献

[1] 章文敏,余迎春,周颖,等. 克氏原螯虾池塘双茬生态养殖技术[J]. 水产科技,2009,131(6):26-28.

[2] 雷景涛,牟长军,张保彦,等. 克氏原螯虾生物学特性探索试验总结[J]. 齐鲁渔业,2009,(4):19-23.

[3] 章文敏,周颖,陈婷,等. 一种克氏原螯虾的田改塘养殖方法. 中国,200910101455[P]. 2010-01-27.

[4] 章文敏,周颖,余迎春,等. 克氏原螯虾的土池繁殖方法. 中国,200910192389[P]. 2010-03-01.

[5] 唐建清. 克氏原螯虾养殖技术[J]. 水产养殖,2009(7):40-42.

[6] 周鑫. 克氏原螯虾人工繁殖及无公害养殖技术(五)[J]. 科学养鱼,2009(5):12-14.

[7] 周鑫. 克氏原螯虾人工繁殖及无公害养殖技术(三)[J]. 科学养鱼,2009(3):12-14.

[8] 周鑫,徐增洪,赵朝阳. 克氏原螯虾人工繁殖及无公害养殖技术(一)[J]. 科学养鱼,2009(1):15-16.

[9] 周鑫,徐增洪,赵朝阳. 克氏原螯虾人工繁殖及无公害养殖技术(二)[J]. 科学养鱼,2009(2):12-14.

[10] 田功太,黄成娟. 克氏原螯虾的生物学及池塘无公害养殖技术[J]. 齐鲁渔业,2009(3):44-45.

[11] 沈乃峰. 亩产青虾100千克养殖模式[J]. 科学养鱼,2000,131(10):25-26.

[12] 沈乃峰. 池塘河蟹青虾混养亩产100千克的养殖模式[J].

科学养鱼,2001,143(10):29-30.
[13] 王喜俊,耿中华,曹迎庆.青虾微孔管增氧高产高效养殖技术[J].科学养鱼,2009,243(12):35-36.
[14] 王丽珍.南美白对虾套轮养青虾高效养殖模式[J].科学养鱼,2009,234(3):35.
[15] 肖启东,钱会达,钱明.南美白对虾与青虾高效轮混养技术[J].科学养鱼,2008,222(3):36-37.
[16] 方天治.青虾健康养殖技术[J].科学养鱼,2008,224(5):43-45.
[17] 周志明,杨国梁,沈乃峰,等.青虾 罗氏沼虾[M].北京:中国农业科学技术出版社,2004.
[18] 沈乃峰.罗氏沼虾与青虾轮养技术[J].科学养鱼,1997,95(10):21.
[19] DB33/385—2002《无公害 青虾》[S].
[20] NY/T5285—2004《无公害食品 青虾养殖技术规范》[S].
[21] NY5158—2005《无公害食品 淡水虾》[S].
[22] 沈乃峰,沈群华,钱冬,等.罗氏沼虾育苗后海水的净化及重复使用试验[J].渔业现代化,2009,36(5):32-35.
[23] 杨国梁.罗氏沼虾人工育苗及养殖新技术(上)[J].科学养鱼,2008,229(10):12-13.
[24] 杨国梁.罗氏沼虾人工育苗及养殖新技术(中)[J].科学养鱼,2008,230(11):12-13.
[25] 杨国梁.罗氏沼虾人工育苗及养殖新技术(下)[J].科学养鱼,2008,231(12):12-13.
[26] 杨剑立.罗氏沼虾二茬养殖技术模式[J].中国水产,2009,409(12):45-46.
[27] 周萍,干波,熊文藻,等.微孔管增氧养殖罗氏沼虾试验小结[J].科学养鱼,2009,240(9):36-37.
[28] 沈乃峰,钱冬,周志金,等.湖州市罗氏沼虾苗肌肉白浊病流行调查及建议采取的预防和控制措施[J].科学养鱼,2003,

168(9):48-49.

[29] 沈乃峰.罗氏沼虾亩产200千克高产模式[J].科学养鱼,1998,108(11):18.

[30] 潘家模,孙祖容,周国良,等.罗氏沼虾养殖技术[M].上海:上海科学技术出版社,1994.

[31] DB33/T397.4—2006《无公害食品 罗氏沼虾苗种》[S].

[32] DB33/397—2003《无公害食品 罗氏沼虾》[S].

[33] NY/T5065—2001《无公害食品 中华绒螯蟹养殖技术规范》[S].

[34] NY5064—2005《无公害食品 淡水蟹》[S].

[35] 陆开宏,徐如卫,金春华,等.河蟹[M].北京:中国农业科学技术出版社,2004.

[36] 韩柄炎.河蟹养殖高产技术问答[M].北京:中国农业出版社,1996.